Pilze. Eine Galerie.

Axel Schmidt

Ulrich Hinz

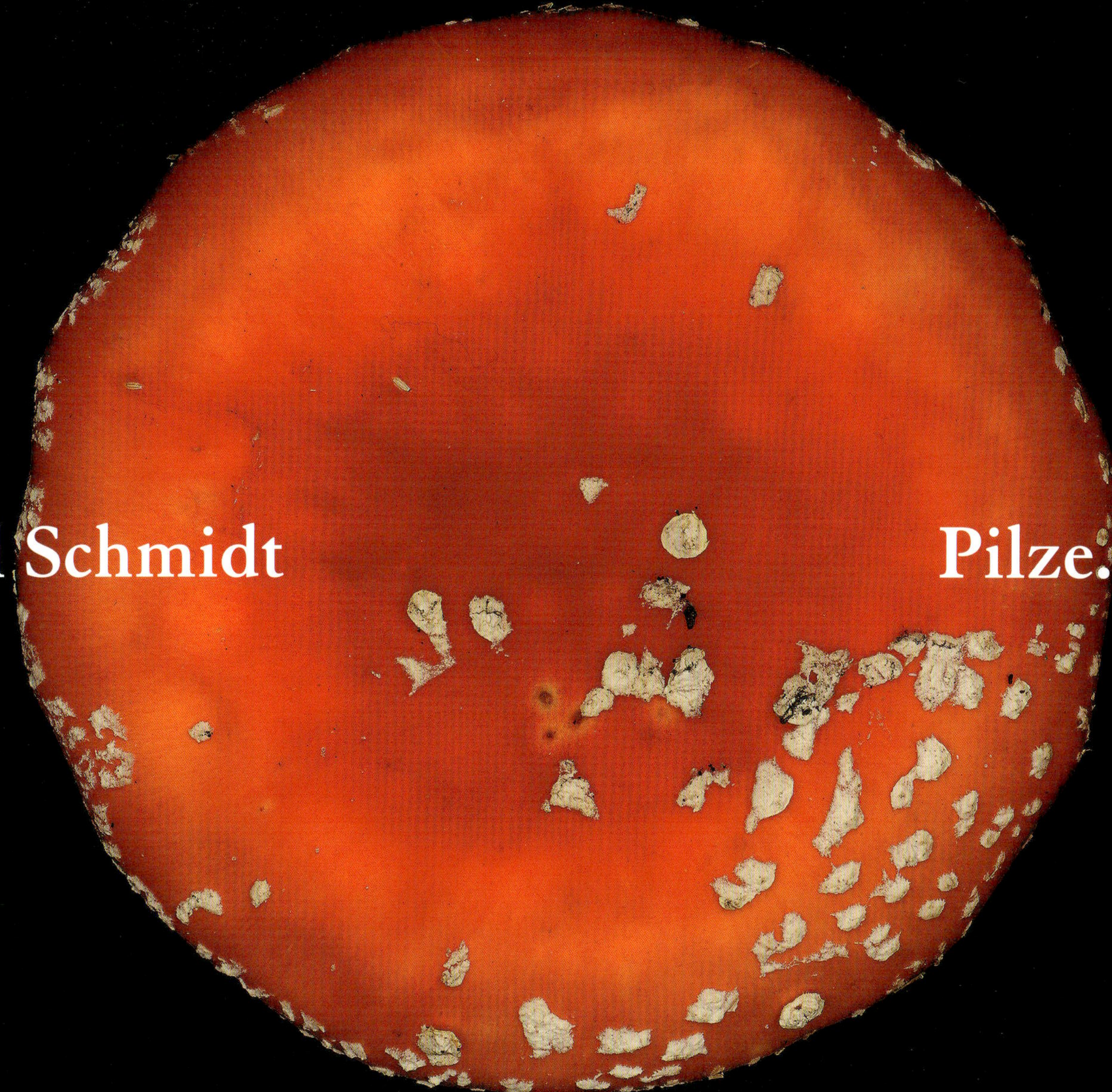

Birkenporling

Piptoporus betulinus

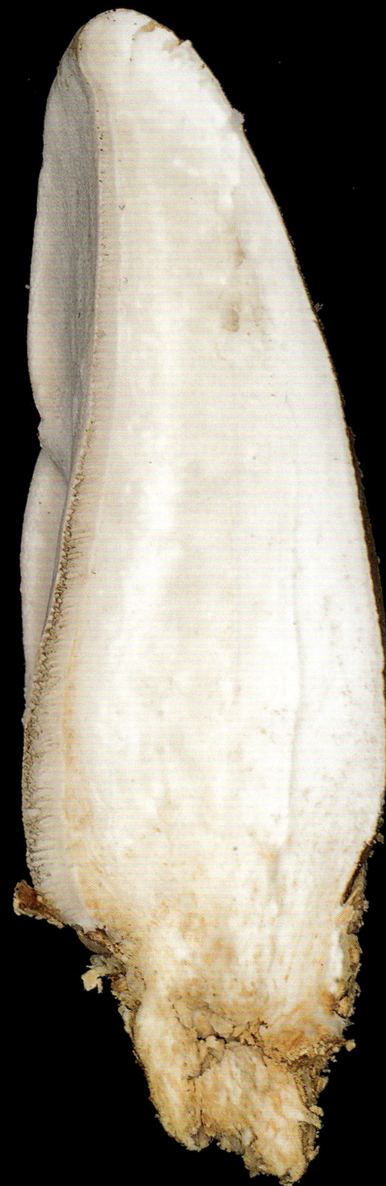

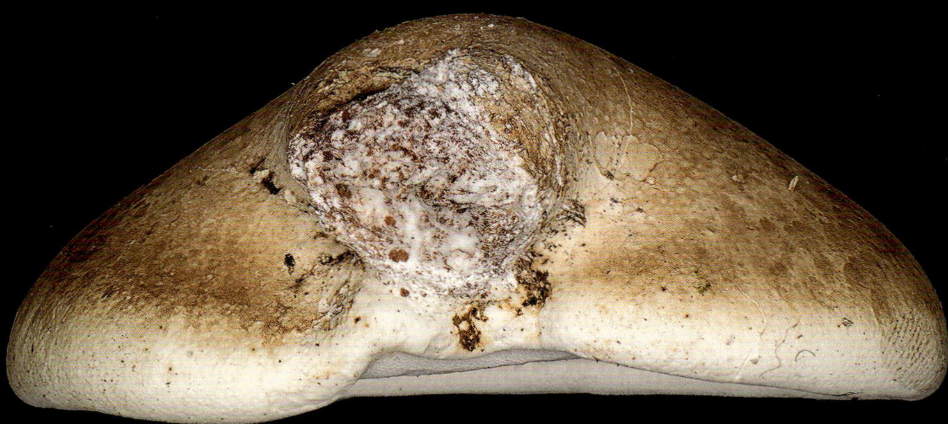

Sein Gebrauch ist seit Jahrtausenden nachgewiesen, nicht aber die genaue Verwendung. So führte schon der als „Ötzi" bekannt gewordene Mann, der vor mehr als 5.000 Jahren in den Ötztaler Alpen ums Leben kam, Birkenporlinge mit sich. Wahrscheinlich nutzte er sie als Antibiotikum. Die medizinische Wirkung des Birkenporlings ist jedenfalls auch in Russland seit langer Zeit bekannt. Deutsche Kriegsgefangene haben von erfolgreichen Therapien mit dem Pilz berichtet.

Vorkommen:

Sporenfarbe:

Speisewert:

Hutdurchmesser: 5–20 cm

Ochsenzunge
Fistulina hepatica

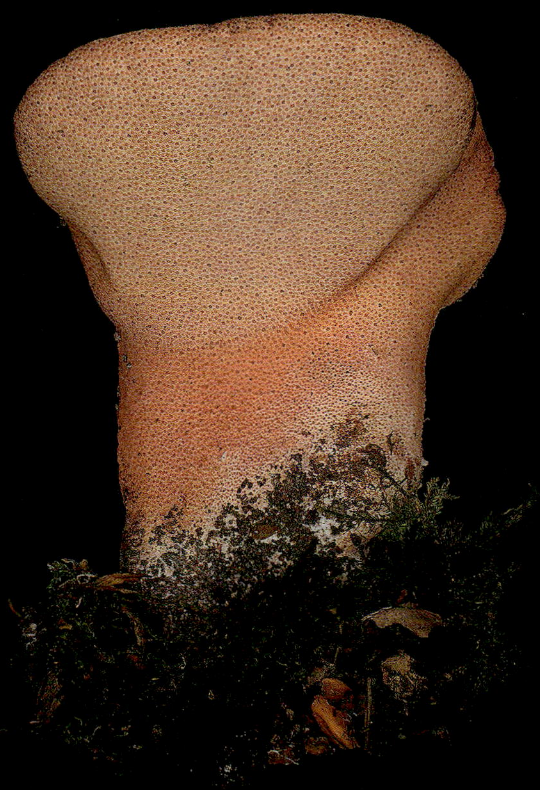
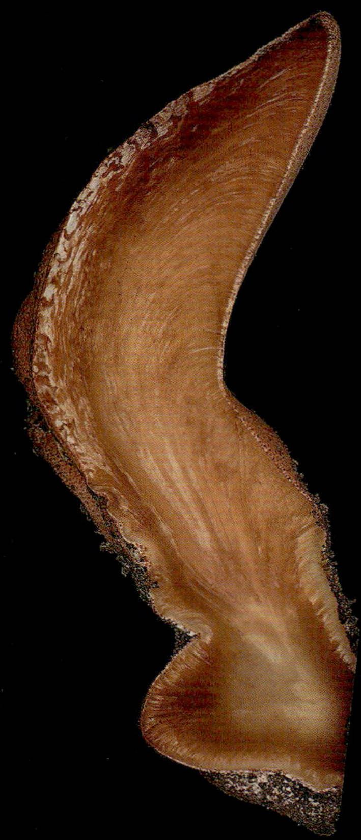

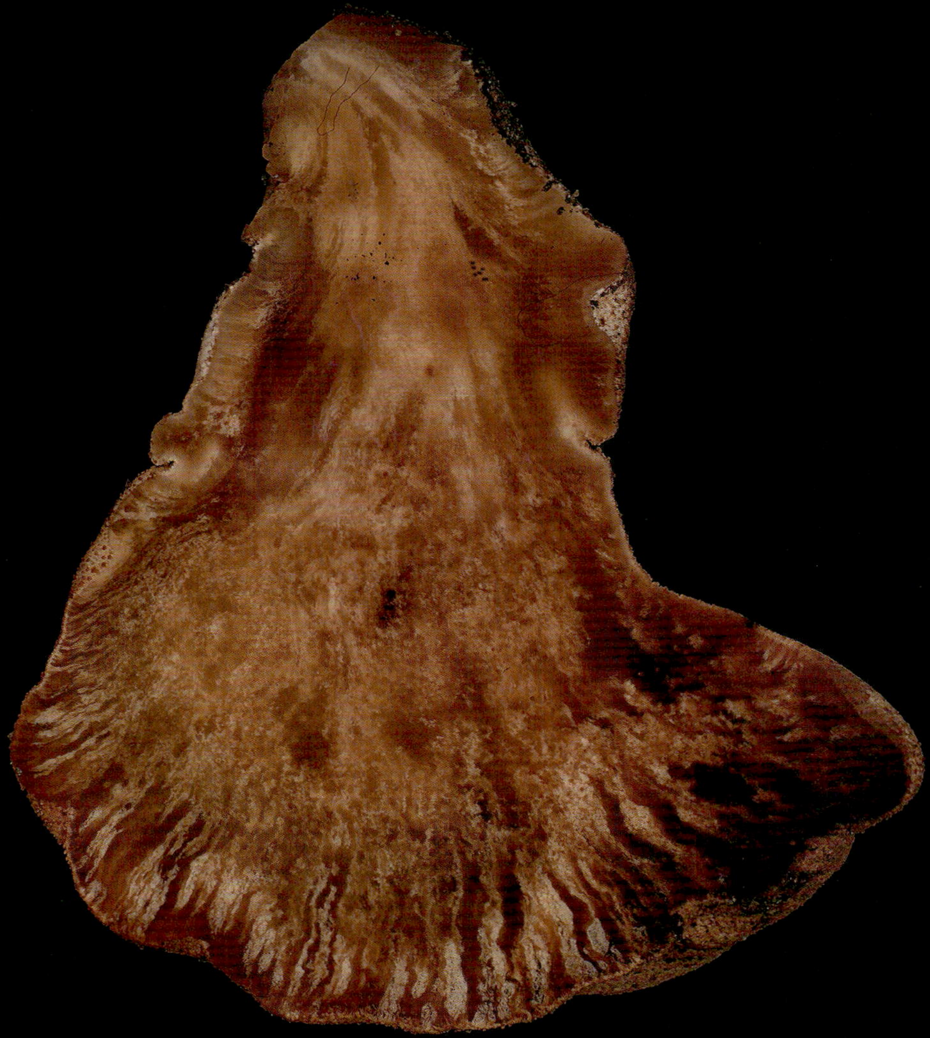

Sie ist im Angelsächsischen bekannt als „Poor men's beefsteak", und tatsächlich lassen sich zumindest junge Ochsenzungen in der Pfanne braten und sehen dabei einem Stück Fleisch sehr ähnlich. Durch seine antibakteriellen Eigenschaften und der Tatsache, dass die Ochsenzunge nachgewiesenermaßen als Radikalfänger wirkt, ist diese Mahlzeit nicht einmal so ungesund. Ein Genuss ist die Ochsenzunge allerdings nicht.

Vorkommen:

Sporenfarbe: **Speisewert:** **Fruchtkörper:**

10–30 cm

Grüngelbes Gallertkäppchen

Leotia lubrica

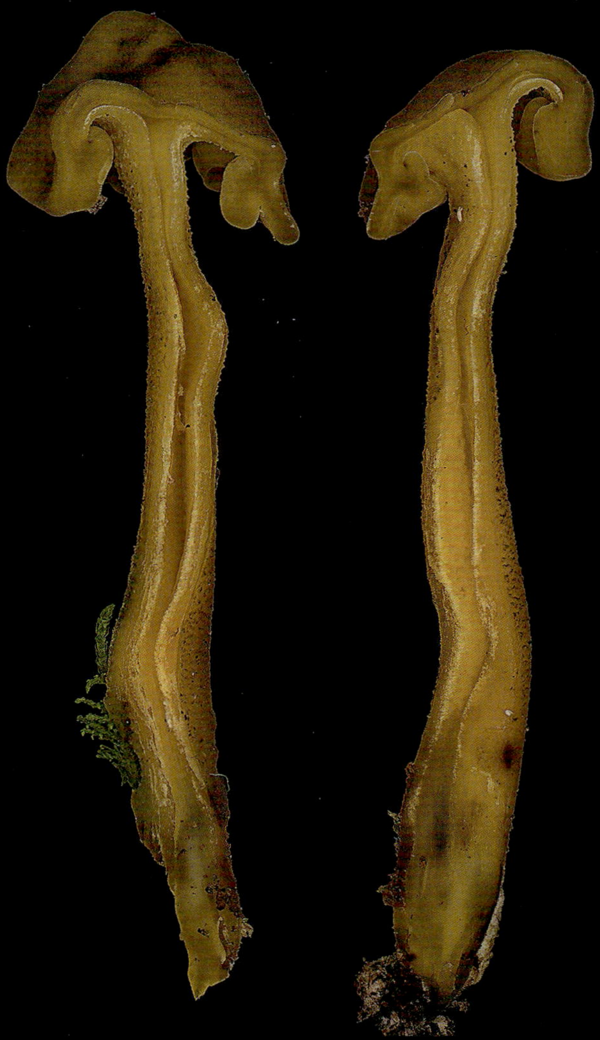

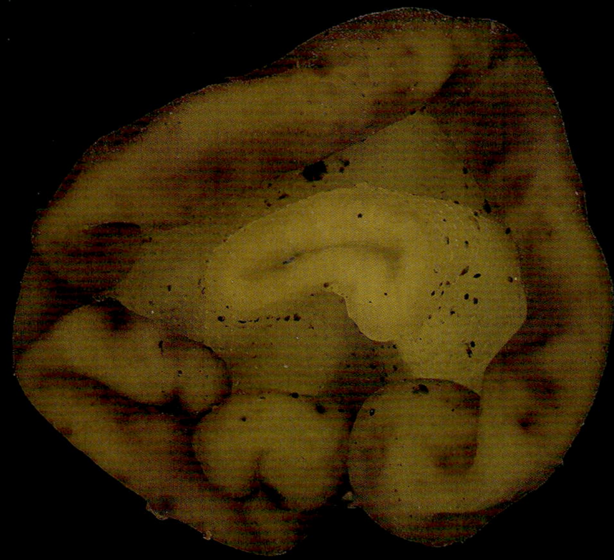

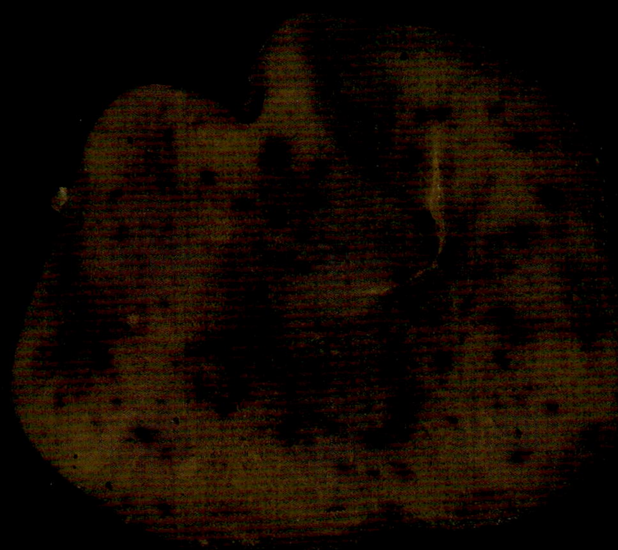

Im Englischen werden diese sonderbaren Pilze auch „Jelly Babies" genannt. Das veranlasste den Mykologen Dr. Michael Kuo, über einen Hollywood-Blockbuster nachzudenken, in dem der Held, Jimmy Jelly, die bösen Galerinas (Häublinge) aus Moosland vertreibt. Offensichtlich blieb es beim Kopfkino. Früher galt das Gallertkäppchen als essbar. Man benötigte aber eine Pfanne mit Deckel, da die Pilze beim Erhitzen wie Popcorn hüpfen. Heute ist nachgewiesen, dass es das Gift Monomethylhydrazin enthält. Ingenieure wissen, wovon die Rede ist: Es ist Bestandteil von lagerfähigen Raketentreibstoffen.

Vorkommen:

Sporenfarbe:

Speisewert:

Hutdurchmesser:

1–3 cm

Judasohr

Auricularia auricula-judae

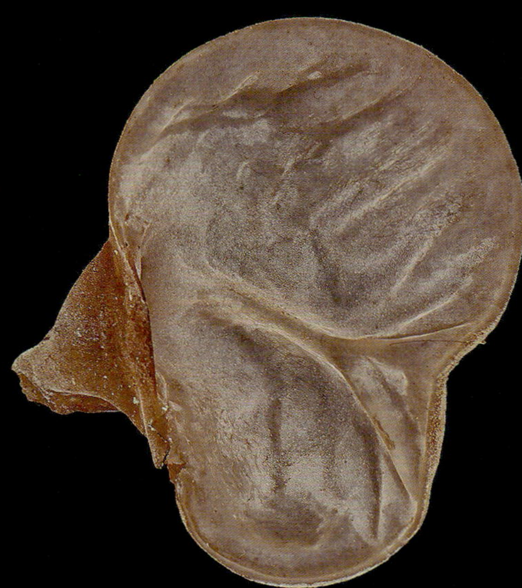

Auf den Speisekarten chinesischer Restaurants wird das Judasohr fälschlicherweise oft als Morchel bezeichnet. Richtig wäre die Bezeichnung „Mu-Err“, der chinesische Name dieses Pilzes. Das Judasohr gilt als Weißfäuleerreger und besiedelt hauptsächlich Laubholz, vor allem Holunder. Dies scheint ein Hinweis auf die Herkunft des exotischen deutschen Namens zu sein: An einem Holunder, der auch den Beinamen „Baum des Todes“ trägt, soll Judas sich erhängt haben.

Vorkommen:

Sporenfarbe:

Speisewert:

Fruchtkörper:

2–13 cm

Inhalt

Pilze – eine einzigartige Dokumentation

Dieses Buch ist kein Pilzführer im üblichen Sinn. Nicht nur, weil es für den Einsatz in der Natur zu schwer und zu sperrig wäre, sondern weil die bei Naturführern übliche wissenschaftliche und didaktische Beschreibung eine untergeordnete Rolle spielt. In diesem Werk stehen die Fotografien und deren Qualität im Vordergrund.

In der Regel ist der Autor eines Pilzführers ein Mykologe, der Pilze *auch* fotografiert. In diesem Bildband ist es umgekehrt: Der Autor ist Fotograf, der sich *auch* mit Pilzen beschäftigt und diese Leidenschaft von klein auf durch seine Eltern vermittelt bekam.

Axel Schmidts fotografisches Schaffen ist gekennzeichnet durch großes handwerkliches Können mit dem steten Fokus auf den künstlerischen Anspruch seiner Arbeiten. Mit seinem Blick für die Bedeutsamkeit des Details ist ihm eine faszinierende Dokumentation gelungen, die ihresgleichen sucht.

Frei von Schatten, Spiegelungen, Gegenlicht und farbverfälschendem Umfeld sind Bilder entstanden, die den ikonografischen Charakter von Naturillustrationen besitzen und zugleich einer hochmodernen Fotoästhetik entsprechen.

Die ausgedehnte Tiefenschärfe offenbart einen Strukturreichtum, der jeden Pilzfreund begeistern wird und der zugleich ein spezifisches Attribut dieser Arbeiten darstellt. Die Lichtinszenierung sorgt für eine verlässliche Farbwiedergabe, die eine hervorragende Basis für die Bestimmung einer Art bildet.

Auch wenn der Schwerpunkt hier, wie beschrieben, ein fotografischer ist: Es ist ein Buch über Pilze. Deshalb werden wesentliche Merkmale wie Vorkommen, Sporenfarbe und Speisewert in einfacher grafischer Systematik dargestellt und durch kurze Kommentare ergänzt. Die ungefähre Höhe eines Pilzes wird durch die Linien im Bund angezeigt. Jedem Pilz wird eine Doppelseite gewidmet, die ihn auf der linken Seite größtmöglich aus der immer gleichen Perspektive zeigt. Diese stringente Darstellung ermöglicht dem Betrachter einen direkten Vergleich der fotografierten Arten.

Wer Pilze sammelt, wird diese Galerie als wertvolle Ergänzung der Fachliteratur schätzen. Wer sie nicht sammelt, erhält einen Einblick in eine einzigartige (Bild-)Welt.

Vorkommen im Jahr

J F M A M J J A S O N D

essbar, sehr guter Speisepilz

essbar, mindere Qualität

kein Speisepilz

giftig oder giftverdächtig

tödlich giftig

durchschnittliche Größe eines normal ausgewachsenen Pilzes

Blätterpilze

Gelber Knollenblätterpilz

Amanita citrina

Heute weiß man, dass der Gelbe Knollenblätterpilz nach Erhitzen durchaus essbar ist (wenn er auch zu den minderwertigen Speisepilzen zählt). Sein Name verweist aber schon auf die konkrete Gefahr: Der Gelbe Knollenblätterpilz kann leicht mit dem tödlich giftigen Grünen Knollenblätterpilz verwechselt werden. Zu finden ist er vor allem in bodensauren Waldtypen, in Mitteleuropa vor allem in Fichtenwäldern.

Vorkommen:

Sporenfarbe:

Speisewert:

Hutdurchmesser:

4–10 cm

Grüner Knollenblätterpilz
Amanita phalloides

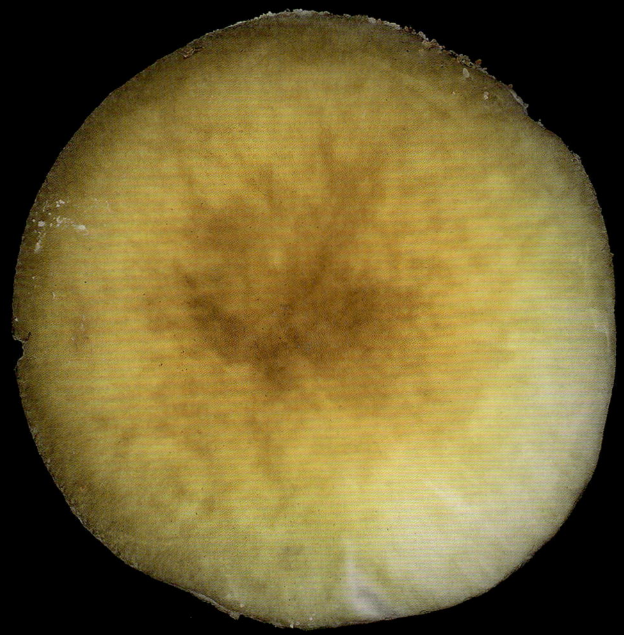

„Dieses Pilzgericht hat das Schicksal Europas verändert“ schrieb Voltaire, nachdem Kaiser Karl VI. nach dem Verzehr eines Grünen Knollenblätterpilzes verstorben war. Seine in der „Pragmatischen Sanktion“ geregelte Erbfolge machte Maria Theresia zur Herrscherin über das Habsburger Reich – und löste den Österreichischen Erbfolgekrieg aus. Er gilt als einer der gefährlichsten Giftpilze. Rund 90% aller tödlich verlaufenden Pilzvergiftungen in Deutschland sind auf ihn zurückzuführen.

Vorkommen:

Sporenfarbe:

Speisewert:

Hutdurchmesser: 4–12 cm

Fliegenpilz

Amanita muscaria

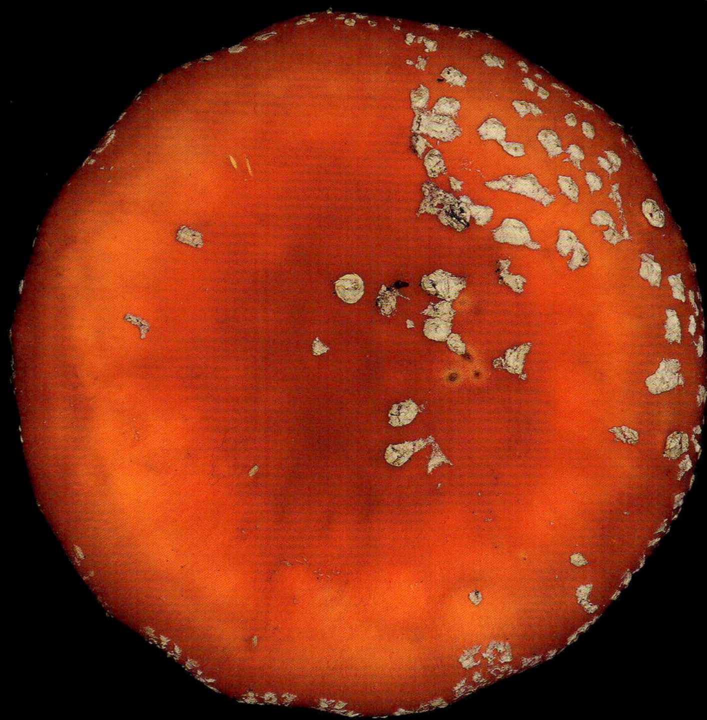

Kein Bild eines Märchenwalds ist denkbar ohne den Fliegenpilz. Daher kennt ihn in Deutschland auch jedes Kind. Und jedes Kind weiß, dass der Fliegenpilz zu den giftigen Pilzen zählt. Tödlich giftig für Fliegen – woher er wahrscheinlich seinen Namen hat – und eher von psychedelischer Wirkung für den Menschen. Daher vermutete man lange, dass der Fliegenpilz eine Rolle bei der Herstellung des sagenumwobenen „Soma" spielt, dem Rauschtrank der Götter.

Vorkommen:

Sporenfarbe: **Speisewert:** **Hutdurchmesser:**

5 – 10 cm

Porphyrbrauner Wulstling
Amanita porphyria

Mitte der 1990er-Jahre häuften sich aus Australien Meldungen über eine neue verstörende Freizeitbeschäftigung: das sogenannte „Krötenlecken". Dabei wird die Aga-Kröte abgeleckt, die man zuvor massiert und die daraufhin das halluzinogen wirkende Bufotenin absondert. Der Porphyrbraune Wulstling verfügt über das gleiche Gift wie die Aga-Kröte. Wer den essbaren Grauen Wulstling sucht, sollte, um Verwechslungen zu vermeiden, vor allem die Stielbasis betrachten: Beim Porphyrbraunen Wulstling ist sie deutlich ringartig abgesetzt.

Vorkommen:

Sporenfarbe:

Speisewert:

Hutdurchmesser: 5–15 cm

Perlpilz

Amanita rubescens

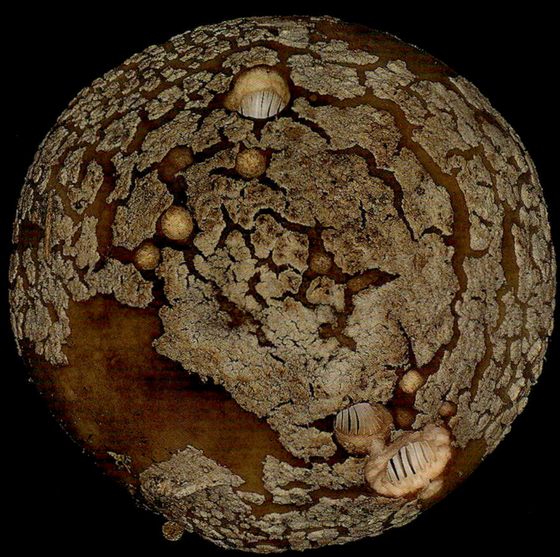

Der Perlpilz ist recht häufig anzutreffen. Er ist essbar, sollte aber zu Speisezwecken nur gesammelt werden, wenn man mit allen Merkmalen bestens vertraut ist. Eine Verwechslung, zum Beispiel mit dem Pantherpilz, kann tödlich sein. Außerdem sollte er vor dem Verzehr gut durchgegart sein, denn er ist wie die meisten Pilze in rohem Zustand giftig. Ältere Exemplare eignen sich gut, um sich damit während der Pilzsuche die Hände zu „waschen".

Vorkommen:

Sporenfarbe:

Speisewert:

Hutdurchmesser: 4–16 cm

Wiesenchampignon

Agaricus campestris

Sucht man ihn ausschließlich auf Wiesen und Weiden und fernab von Bäumen, besteht keine Verwechslungsgefahr. In der Nähe von Bäumen oder im Wald kann er hingegen mit dem Knollenblätterpilz verwechselt werden. Der Wiesenchampignon ist ein sehr beliebter Speisepilz, obwohl er über ein eher unspezifisches Aroma verfügt.

Vorkommen:

Sporenfarbe:

Speisewert:

Hutdurchmesser: 3–10 cm

Kleiner Waldchampignon

Agaricus silvaticus

Sein etwas unappetitlicher Alternativname „Kleiner Blut-Egerling" beschreibt eine wesentliche Eigenschaft des Kleinen Waldchampignons: Ein Schnitt in sein Fleisch zeigt eine starke Rötung und macht den Sammler sicher, dass der gefundene Pilz tatsächlich der beliebte Speisepilz ist und nicht etwa ein Pilz aus einer der giftigen Unterarten der Champignonverwandten.

Vorkommen:

Sporenfarbe:

Speisewert:

Hutdurchmesser: 4–10 cm

Blutblättriger Schirmling

Melanophyllum haematospermum

Er zählt zu den kleinen Schirmlingen, von denen die meisten als giftig eingestuft werden (viele auch tödlich giftig). Man muss schon sehr genau hinsehen, um diesen unscheinbaren und gut „getarnten" Pilz zu finden. Bei geöffnetem Hut zeigen sich seine bis ins tiefe Rot gefärbten Lamellen. Auch sein Sporenpulver ist besonders: Es verfärbt sich innerhalb kurzer Zeit von Olivgrün zu Rotbraun.

Vorkommen:

Sporenfarbe:

Speisewert:

Hutdurchmesser: 1–4 cm

Spitzschuppiger Stachel-Schirmling

Lepiota aspera

Ein kleiner und giftiger Vertreter der Schirmlinge. Wie der Stink-Schirmling riecht auch dieser Schirmling etwas leuchtgasartig. („Stadt-“ oder „Leuchtgas“ wurde früher mit stark riechenden Stoffen versehen, um ein versehentliches Austreten des Brenngases zu erkennen.) Bei grober Unachtsamkeit könnte er mit dem vorzüglich schmeckenden Parasol verwechselt werden. Der Pilz enthält ein starkes Magen-Darm-Gift, das in Verbindung mit Alkohol lebensbedrohlich werden kann.

Vorkommen:

Sporenfarbe: **Speisewert:** **Hutdurchmesser:**

3–7 cm

Stinkschirmling
Lepiota cristata

Er macht seinem Namen alle Ehre, denn sein Geruch wird von „leuchtgasartig“ bis schlicht „widerlich“ beschrieben. So wie viele Schirmlinge ist er zudem zumindest schwach giftig. Mit diesen schlechten Eigenschaften hat er es allerdings weit gebracht: Man findet ihn auf allen Kontinenten. In Deutschland kommt er vor allem an Wegrändern und ruderalen Flächen vor.

Vorkommen:

Sporenfarbe:

Speisewert:

Hutdurchmesser: 2–6 cm

Schopftintling
Coprinus comatus

Der Schopftintling ist entlang von Waldwegen und auf gut gedüngten Wiesen zu finden. Seine Sporen zerfließen zu einer schwarzen Tinte, die früher tatsächlich zum Schreiben verwendet wurde. Dieser Zersetzungsprozess beginnt sehr schnell: Innerhalb weniger Stunden nach der Ernte kann der Pilz schon nicht mehr genießbar sein. Also nur geschlossene und reinweiße Exemplare verwerten. Der Länge nach aufgeschnitten und in Butter gebraten eine Köstlichkeit, die etwas an Spargel erinnert.

Vorkommen:

Sporenfarbe:

Speisewert:

Hutdurchmesser: 5–12 cm

Specht-Tintling
Coprinopsis picacea

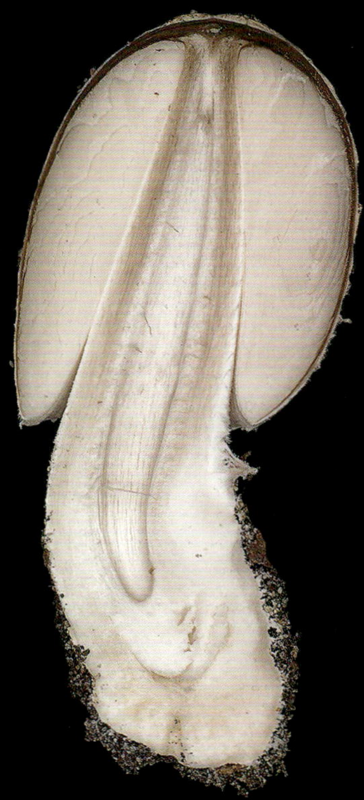

Der sehr junge Specht-Tintling ist weiß und eiförmig. Mit der Ausbildung des Huts reißt seine weiße Hülle – das Velum – auf und bleibt flächig auf der dunklen Hutoberfläche haften. Das entstehende Muster erinnert dann an das Gefieder eines Spechts oder einer Elster („Elstern-Tintling" ist ein weiterer Name dieses Pilzes).

Vorkommen:

Sporenfarbe:

Speisewert:

Hutdurchmesser: 5–8 cm

Faltentintling

Coprinus atramentarius

An ähnlichen Standorten wie denen des Schopftintlings ist der Faltentintling zu finden. Er wird jung zwar grundsätzlich als essbar beschrieben, was aber nur dann gilt, wenn zwei oder drei Tage vor und nach der Mahlzeit kein Alkohol getrunken wird. Das im Faltentintling enthaltene Coprin bewirkt zusammen mit Alkohol Gesichtsrötung, Herzrasen und Kreislaufprobleme.

Vorkommen:

Sporenfarbe:

Speisewert:

Hutdurchmesser: 3–8 cm

Glimmertintling

Coprinellus micaceus

Den Glimmer, der ihnen den Namen verleiht, verlieren die Glimmertintlinge meist mit dem ersten Regen. Er ist – natürlich – das Überbleibsel des Velums. Es ist nicht ganz gesichert, ob der Glimmertintling, ähnlich wie der Faltentintling, in Verbindung mit Alkohol zu Vergiftungserscheinungen führen kann. Es ist also in jedem Fall ratsam, den vor allem als Suppenpilz beliebten Glimmertintling nüchtern zu genießen.

Vorkommen:

Sporenfarbe: **Speisewert:** **Hutdurchmesser:**

2–4 cm

Hasenpfote, Hasen-Tintling

Coprinus lagopus

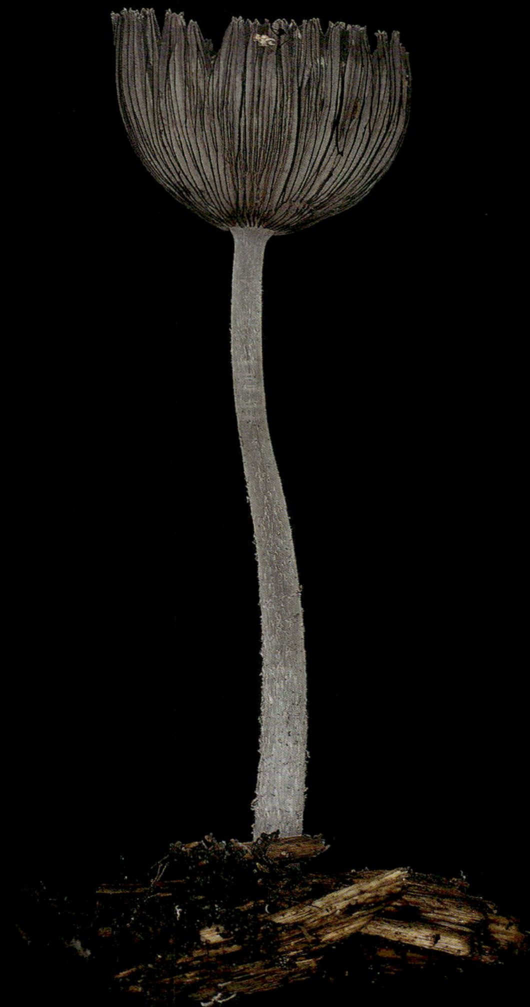

Ein kleiner, wunderschöner Pilz! Die Hasenpfote zählt zu den Tintlingen (er wird auch Hasentintling genannt). Und wie bei den meisten Tintlingen zerfließen seine Lamellen zu einer schwarzen Flüssigkeit. Dabei rollt sich der Hut kelchförmig ein. Sein „plüschiges" Aussehen verliert er im Alter.

Vorkommen:

Sporenfarbe:

Speisewert:

Hutdurchmesser: 1–4 cm

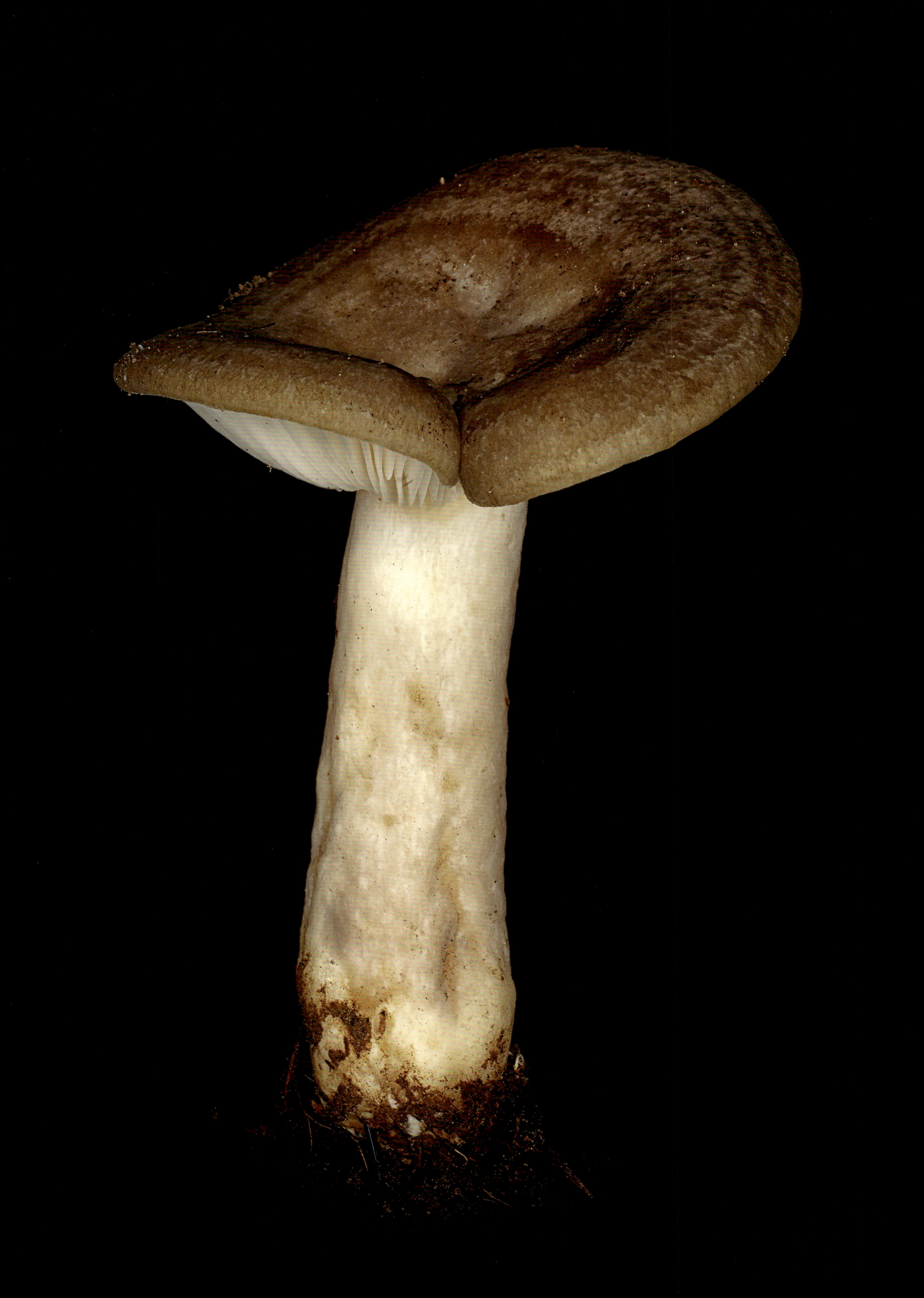

Braunfleckender Milchling
Lactarius fluens

Dem Braunfleckenden Milchling begegnet man am ehesten in Buchenwäldern. Denn als Mykorrhizapilz geht er vor allem Verbindungen mit Rot- oder Hainbuchen ein. „Braunfleckend" reagiert der Pilz auf Druck oder er zeigt die Verfärbung an verletzten Stellen. Seine weiße Milch schmeckt brennend scharf, weshalb er als Speisepilz nicht geeignet ist.

Vorkommen:

Sporenfarbe:

Speisewert:

Hutdurchmesser: 5–10 cm

Nordischer Milchling
Lactarius trivialis

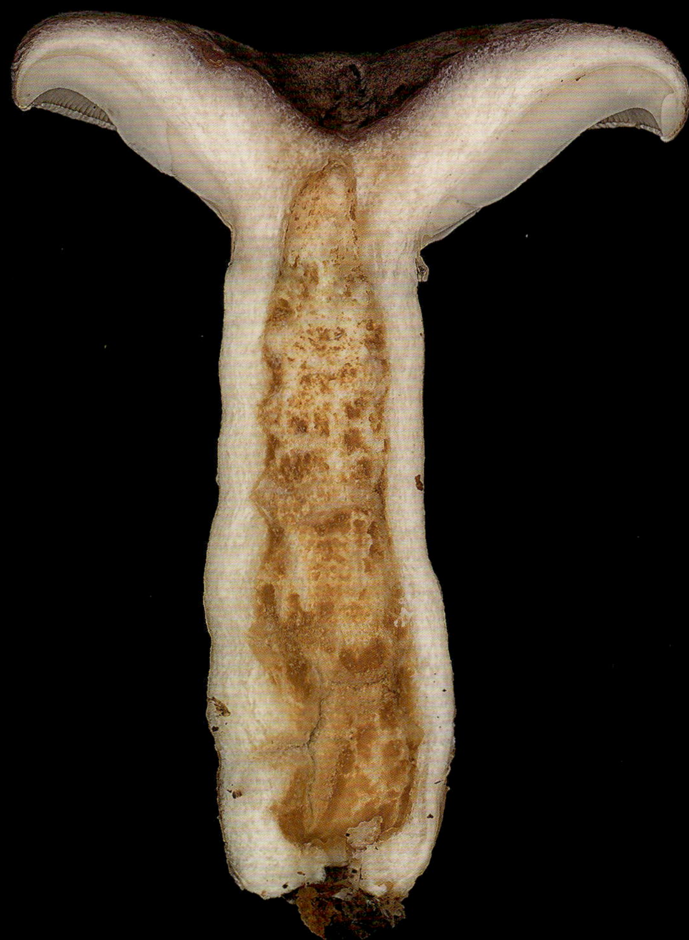

Der Nordische Milchling wird wegen seines gezonten Huts auch Blau-Reizker genannt. Da er aber sehr scharf schmeckt, kommt er als Speisepilz (zumindest in Deutschland) nicht in Betracht. Ausgetretene Milch verfärbt sich langsam von Weiß zu gelblich und trocknet dann grau-grünlich an. Der Nordische Milchling ist in den skandinawischen Ländern weit verbreitet, weshalb der Pilz das Art-Attribut „trivialis" erhielt. Besonders in Finnland ist er ein wichtiger und beliebter Speisepilz. Nachdem er mindestens 5 Minuten gekocht wurde, verliert er weitgehend seine Schärfe. Er kann dann z. B. durch Einsalzen haltbar gemacht werden.

Vorkommen:

Sporenfarbe:

Speisewert:

Hutdurchmesser: 5–15 cm

Fichtenreizker

Lactarius deterrimus

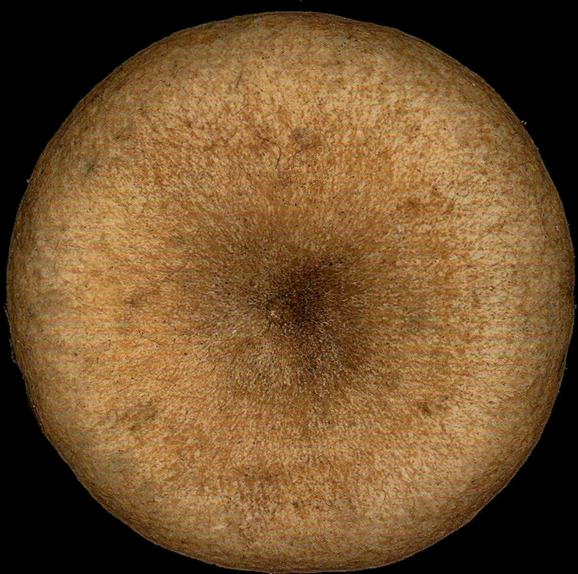

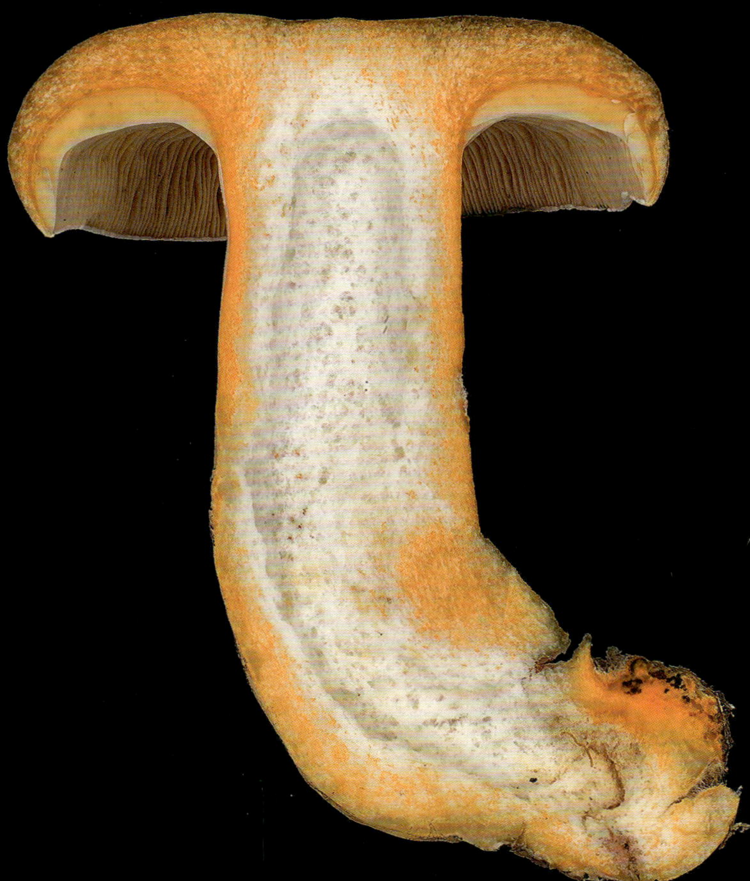

Der Fichtenreizker zählt zu den häufigsten Pilzarten in Deutschland. Im Schnitt tritt orange Milch aus, die sich nach 30 Minuten tiefrot verfärbt. Alle Milchlinge mit oranger oder roter Milch sind Reizker (früher wurden diese Pilze als „Blut-Reizker" zusammengefasst). Er schmeckt relativ bitter und erhielt deshalb das Art-Attribut „deterrimus", lateinisch für „der Schlechteste".

Vorkommen:

Sporenfarbe:

Speisewert:

Hutdurchmesser: 3–10 cm

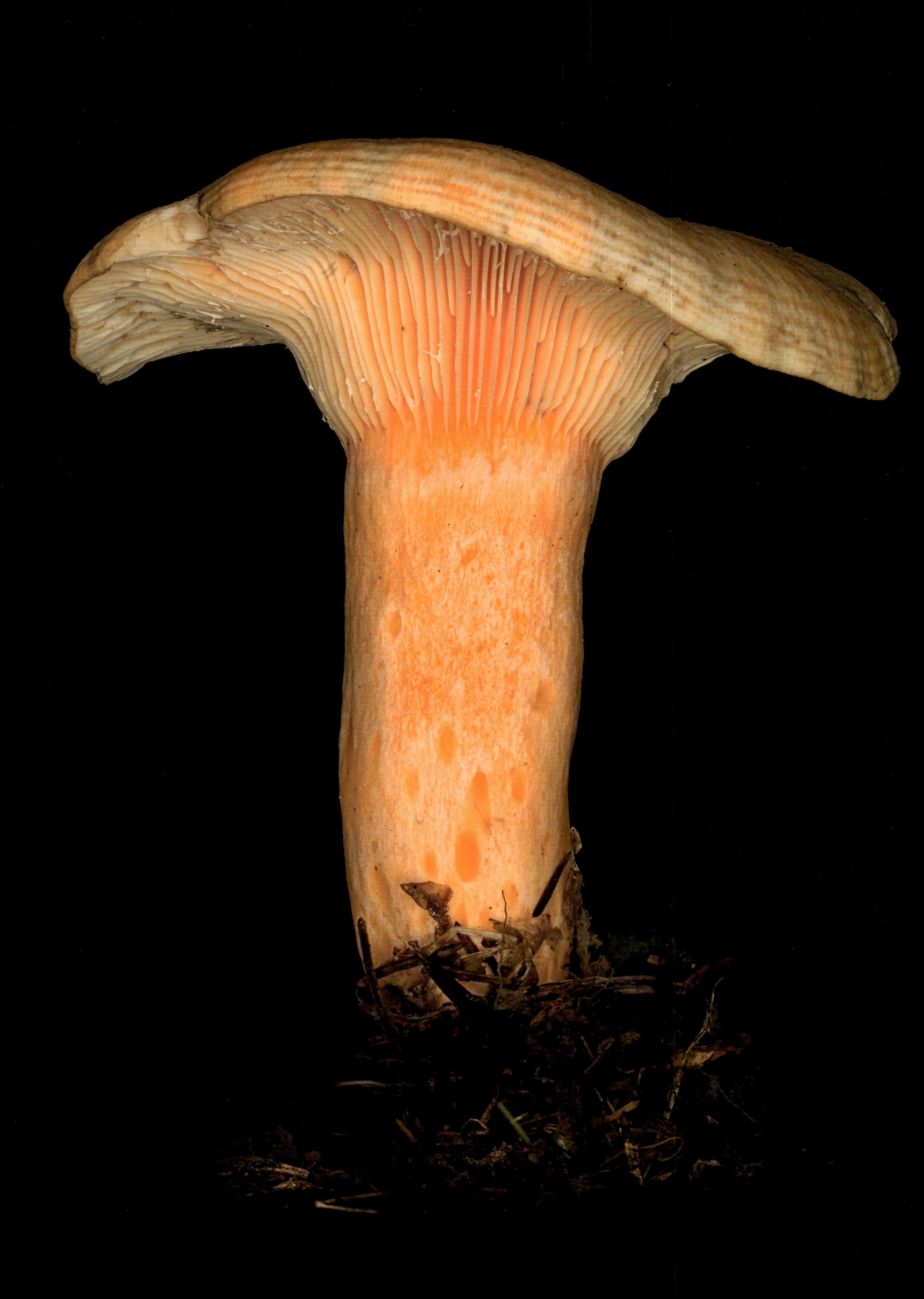

Lachs-Reizker
Lactarius salmonicolor

Er lebt fast ausschließlich in Symbiose mit Weißtannen, weshalb er in Deutschland vornehmlich in Baden-Württemberg und Bayern zu finden ist. Geschmacklich scheiden sich am Lachs-Reizker die Geister. Während ihn die einen wegen seiner leichten Bitterkeit verschmähen, gilt er den anderen als exzellenter Speisepilz, der aufgrund der geringen Garzeit gern auf dem Grill zubereitet wird. Alle Reizker entfalten ihren Geschmack durch scharfes Anbraten. Dabei sollte nicht an Salz und Pfeffer gespart werden. Nach einer Reizker-Mahlzeit kann sich Urin rot färben. Das ist derselbe Effekt wie bei Roter Bete und völlig unbedenklich.

Vorkommen:

Sporenfarbe:

Speisewert:

Hutdurchmesser: 4 – 10 cm

Täublinge

Russula spec.

Täublinge sind in den unterschiedlichsten Waldgesellschaften anzutreffen. Die Farbvarianz ihrer Hüte reicht über ein weites Spektrum (gelb, rot, violett, grün, braun…). Täublinge unterscheiden sich in mehrfacher Hinsicht von anderen Lamellenpilzen: Ihr Fleisch ist nicht faserig, sondern brüchig, und ihre Lamellen sind – bis auf eine Ausnahme – spröde (sie zählen zu den sogenannten Sprödblättlern). Viele Täublinge sind nicht nur essbar, sondern geschmacklich hervorragend. Ihr Fleisch bleibt nach dem Garen fest und „knackig".

Vorkommen:

Sporenfarbe:

Speisewert:

Hutdurchmesser:

5–15 cm

Ocker-Täubling

Russula ochroleuca

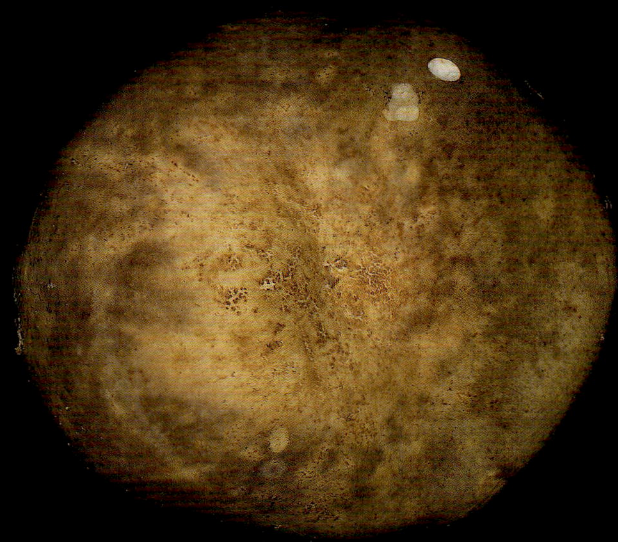

Es gibt zahlreiche Täublinge mit gelb- bis ockerfarbenen Hüten, die leicht verwechselt werden können. Unter diesen wird als bester Speisepilz der Pfirsichstieltäubling angegeben. Der Speisewert des Ocker-Täublings wird hingegen als sehr minderwertig beurteilt. Zudem sieht er dem Gallen-Täubling und Blassgelben Täubling sehr ähnlich, die beide brennend scharf schmecken und leicht giftig bzw. giftverdächtig sind. Aus den genannten Gründen ist es gerade für unerfahrene Pilzsammler besser, ihn einfach im Wald zu belassen.

Vorkommen:

Sporenfarbe: **Speisewert:** **Hutdurchmesser:**

3–10 cm

Bärtiger Ritterling

Tricholoma vaccinum

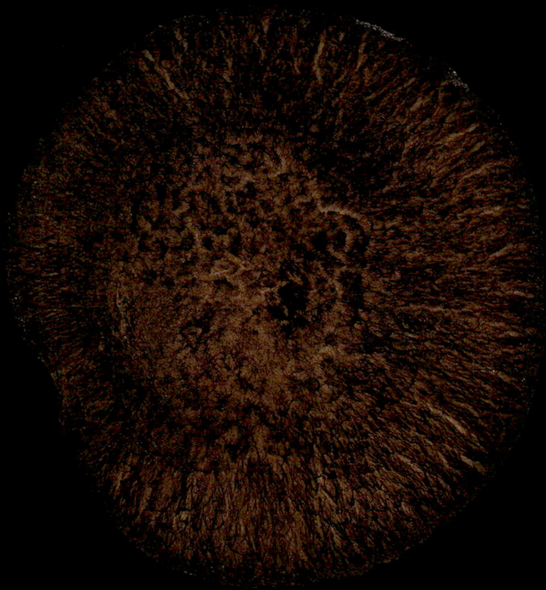

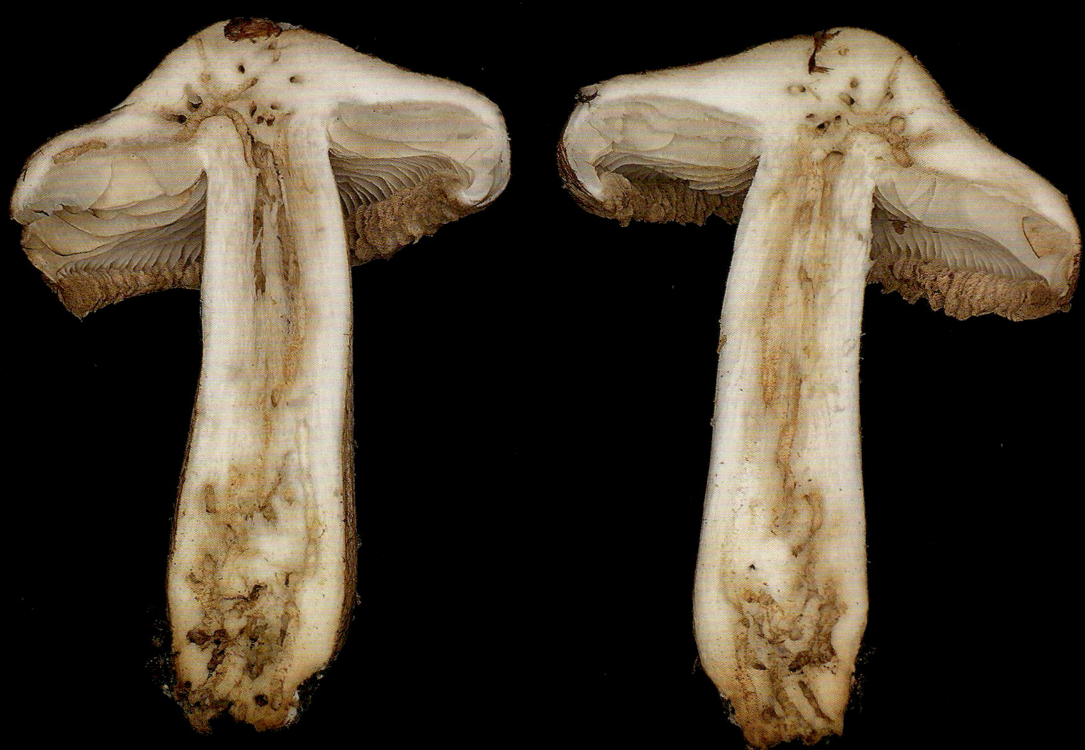

Obwohl den anderen Ritterlingen dieses auffällige Merkmal fehlt, haben alle Ritterlinge ihren wissenschaftlichen Namen seinem bärtigen Aussehen zu verdanken: Tricholoma – lateinisch für „haariger Rand“. Der deutsche Name „Ritterling“ ist angeblich darauf zurückzuführen, dass diese Pilze Rittern vorbehalten waren. Ein riskantes Privileg. Denn die meisten Ritterlinge sind nicht genießbar oder sogar giftig.

Vorkommen:

Sporenfarbe:

Speisewert:

Hutdurchmesser: 3–8 cm

Maipilz, Mai-Ritterling
Calocybe gambosa

Einer der ersten, sehr ergiebigen Speisepilze im Frühjahr. Die Farbe des gesamten Pilzes variiert von cremefarben bis gelblich oder bräunlich. Zur selben Jahreszeit tauchen die ersten stark giftigen Ziegelroten Risspilze auf, die im jungen Stadium dem Maipilz sehr ähnlich sehen können und schon häufig zu folgenschweren Verwechslungen geführt haben. Über seinen Speisewert wird, wie bei vielen Pilzen, kontrovers diskutiert: Er riecht und schmeckt auffällig mehl- oder gurkenartig, was nur durch sorgfältiges Zerkleinern und vorheriges Kochen abgemildert wird.

Vorkommen:

Sporenfarbe:

Speisewert:

Hutdurchmesser: 3–10 cm

Nebelkappe

Clitocybe nebularis

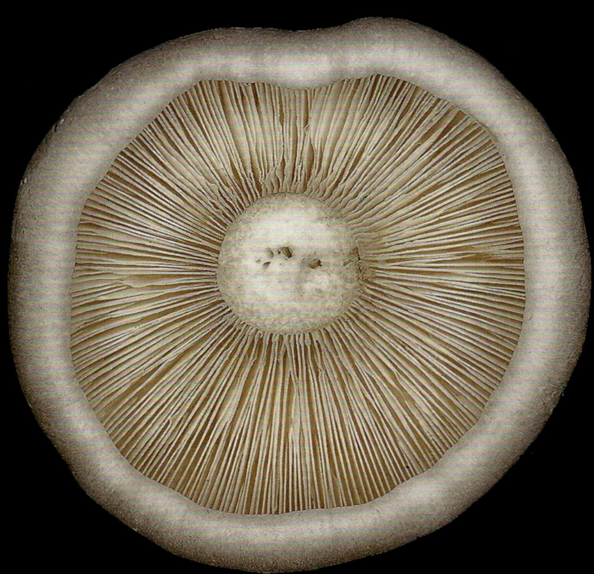

Mit der Nebelkappe kommt der Herbst. Soviel ist sicher. Gar nicht mehr sicher ist seine Rolle als Speisepilz: Noch immer halten viele den Nebelgrauen Trichterling, wie er auch genannt wird, nach dem Abbrühen für einen ordentlichen Speisepilz. Andere halten ihn schlicht für giftig. Die Diskussion entzündet sich am Inhaltsstoff Nebularin, der seinen Namen dem lateinischen Artattribut zu verdanken hat und der zumindest bei einigen Menschen zu starken Irritationen des Magen-Darm-Trakts führen kann. In Tierversuchen traten u. a. sogar Bauchfellentzündungen und Lungenödeme auf. Wer Nebelkappen findet, kann sich vielleicht trotzdem freuen: Den gleichen Standort teilt dieser Pilz mit dem essbaren Violetten Rötelritterling.

Vorkommen:

Sporenfarbe:

Speisewert:

Hutdurchmesser: 5–20 cm

Purpurfilziger Holzritterling
Tricholomopsis rutilans

Der Purpurfilzige oder auch Rötliche Holzritterling ist weltweit relativ häufig zu finden. Er besiedelt als Zersetzer (Saprobiont) totes Nadelholz. Durch seine auffällige Hutfarbe und die gelben Lamellen ist er leicht zu entdecken. Der „purpurfilzige" Belag auf dem Hut kann durch Regen abgewaschen werden, er erscheint dann reingelb. Er gilt zwar als Heilpilz (wegen tumor- und entzündungshemmender Stoffe), ist geschmacklich aber nur bedingt zu empfehlen.

Vorkommen:

Sporenfarbe:

Speisewert:

Hutdurchmesser: 5–15 cm

Tränender Saumpilz

Lacrymaria lacrymabunda

Ob der Gattungsname vom Saum am Hutrand stammt oder von seinem häufigen Auftreten an Wiesen- oder Wegsäumen, ist in der Literatur umstritten. Unstrittig ist jedoch, dass seine Bezeichnung als „Tränender" Saumpilz von den wasserklaren Tropfen stammt, die der junge Pilz an seinen Schneiden absondert. Der Tränende Saumpilz ist jung essbar, aber nicht besonders aromatisch.

Vorkommen:

Sporenfarbe:

Speisewert:

Hutdurchmesser: 3–8 cm

Violetter Rötelritterling
Lepista nuda

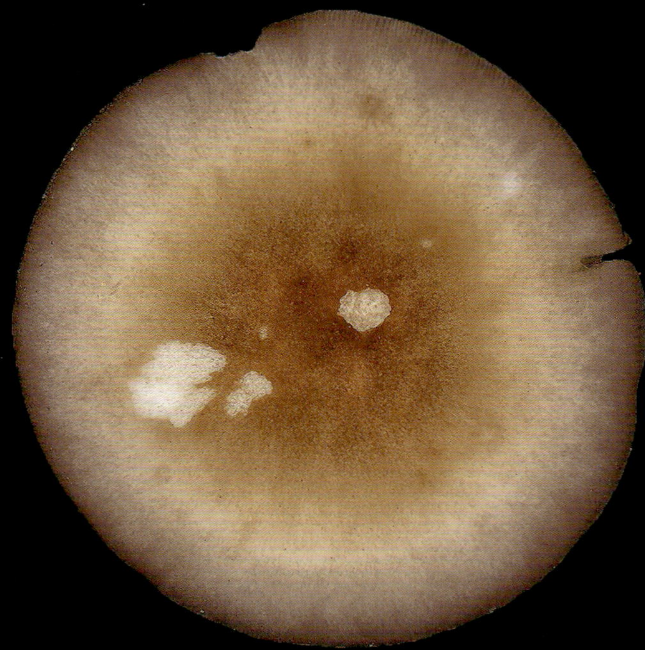

Er schmeckt nicht nur sehr gut, es wird ihm sogar eine blutdrucksenkende Wirkung nachgesagt. Auffällig ist zudem sein parfümierter Geruch. Doch man sollte sehr genau hinsehen – zum Beispiel auf seinen Fuß: Ist der auffallend dick, könnte es sich auch um den giftigen Lilafarbenen Dickfuß handeln. Und auch sonst kann man sich bei der Suche leicht vergreifen, denn es gibt einige Pilze, die eine gewisse Ähnlichkeit zum Violetten Rötelritterling aufweisen.

Vorkommen:

Sporenfarbe: **Speisewert:** **Hutdurchmesser:**
4–12 cm

Braunfleckender Rötelritterling

Lepista martiorum

Man muss schon großes Glück haben, diesen seltenen Pilz zu finden. In der Schweiz wird er in der Roten Liste als „stark gefährdet" geführt. Auch sonst ist die Informationslage zu diesem Pilz sowohl in Wort als auch Bild eher dürftig: Es wird vermutet, dass er essbar ist (wie fast alle Rötelritterlinge), aber eine „Nichtgiftigkeit" ist noch nicht nachgewiesen.

Vorkommen:

Sporenfarbe:

Speisewert:

Hutdurchmesser: 2–9 cm

Dunkler Hallimasch

Armillaria ostoyae

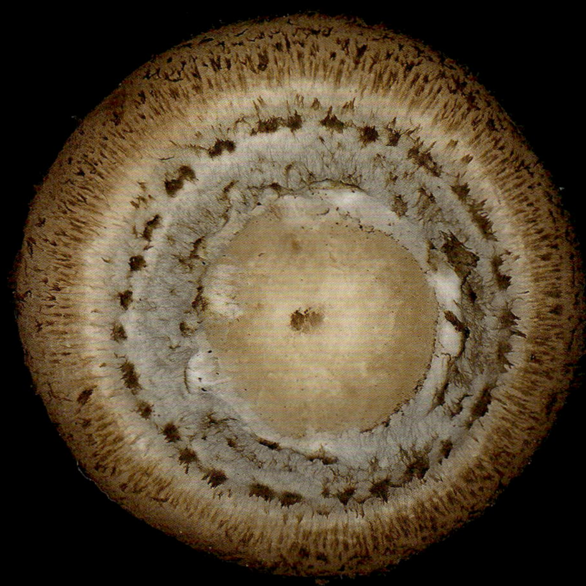

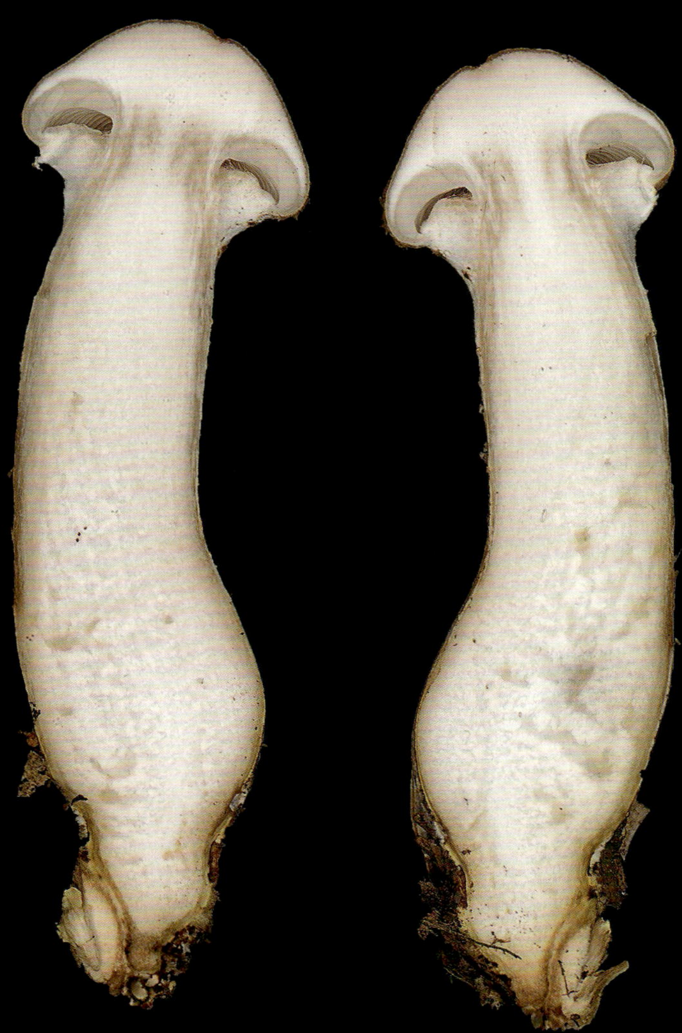

Einem sonderbaren Waldsterben in den USA ist die Erkenntnis zu verdanken, dass dieser Pilzgattung das größte Lebewesen der Welt entstammt. Nicht weniger als 900 Hektar ist das Myzel dieses Dunklen Hallimaschs groß, fast 2500 Jahre alt und kostete Tausende Bäume das Leben. Kein Wunder also, dass Gärtner sehr nervös werden, wenn sie Fruchtkörper vom Hallimasch an ihren Bäumen entdecken. Denn das dürfte nur das äußere Anzeichen für die Weißfäule sein, die den Baum bereits in seinem Inneren befallen hat. Der Hut des Hallimaschs ist essbar, allerdings nur, wenn er vor der weiteren Verarbeitung mindestens 20 Minuten abgekocht wurde.

Vorkommen:

Sporenfarbe:

Speisewert:

Hutdurchmesser: 5 – 12 cm

Mäuseschwanzrübling

Baeospora myosura

Als Substrat dienen dem Mäuseschwanzrübling herabgefallene Fichten- oder Kiefernzapfen. Verwechslungen mit ähnlichen Rüblingen, z. B. dem Fichtenzapfenrübling, sind möglich, aber nicht tragisch, da der Mäuseschwanzrübling nicht als giftig gilt. Ein Geschmackserlebnis ist er aber auch nicht, da er als zu zäh und unbedeutend beschrieben wird.

Vorkommen:

Sporenfarbe:

Speisewert:

Hutdurchmesser: 1–2,5 cm

Beringter Buchen-Schleimrübling

Oudemansiella mucida

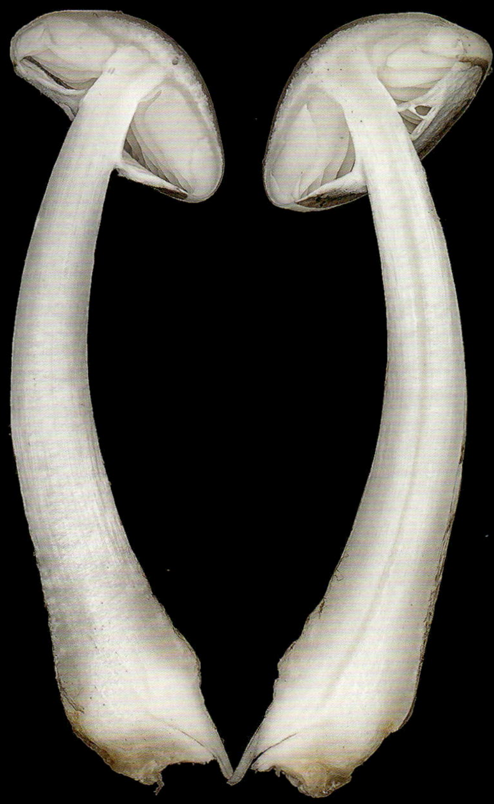

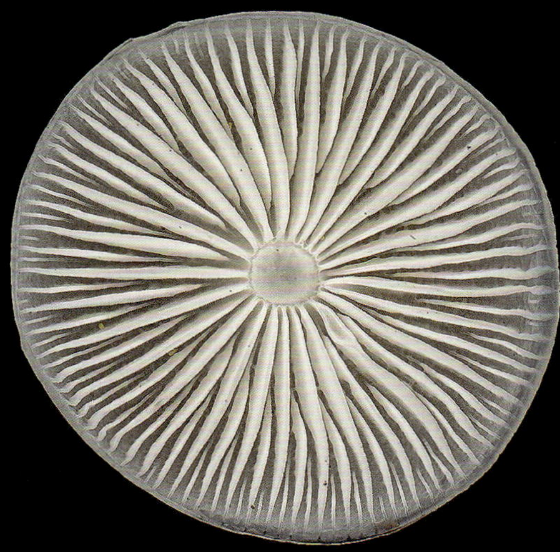

Ein in mehrerer Hinsicht außergewöhnlicher Pilz: Er wächst fast ausschließlich in Büscheln auf totem Buchenholz, auf dem er großflächig sein Sporenpulver verteilt, so dass ganze Bereiche des Holzes völlig weiß eingefärbt sind. Seine Huthaut ist extrem schleimig und zieht oft dicke Fäden zwischen den Hüten. Aus dem Pilz wird Mucidin gewonnen, das als antibiotischer Stoff zur Behandlung von Hauterkrankungen beim Menschen verabreicht werden kann. Nach der Zubereitung bleibt der Hut etwas schleimig, ist aber geschmacklich trotzdem empfehlenswert.

Vorkommen:

Sporenfarbe:

Speisewert:

Hutdurchmesser: 2–8 cm

Grauvioletter Schwindling

Marasmius wynnei

Wie er zu seinem Namen kommt, ist eigentlich ein Rätsel. Denn die Hutfarbe des Grauvioletten oder auch Violettlichen Schwindlings kommt in allen möglichen Farbschattierungen vor. Exemplare, die – dann meist auch nur einen Hauch – ins Violette changieren, findet man dagegen eher selten. Viel charakteristischer ist die vom Hellen ins Dunkle verlaufende Farbe des Stiels. Der Pilz wehrt sich gegen den Befall durch Schnecken übrigens durch das Ausscheiden von Blausäuregasen.

Vorkommen:

Sporenfarbe:

Speisewert:

Hutdurchmesser: 2–5 cm

Sparriger Schüppling

Pholiota squarrosa

Der Sparrige Schüppling ist immer am Fuß von Laub- oder (seltener) Nadelbäumen zu finden. Ganz besonders liebt er Obstbäume – sehr zum Leid der Obstbauern, denn er kann die gefürchtete Weißfäule verursachen. Manchmal wird dieser Pilz mit dem essbaren Hallimasch verwechselt. Dies ist nicht ganz so tragisch, denn der Sparrige Schüppling wird in der älteren Literatur als essbar klassifiziert, allerdings nur, wenn er zuvor überbrüht wird. Und da dieselbe Zubereitung auch für den Hallimasch gilt, sollte größeres Ungemach ausbleiben.

Vorkommen:

Sporenfarbe:

Speisewert:

Hutdurchmesser: 4–8 cm

Stockschwämmchen
Kuehneromyces mutabilis

Kenner schätzen sein Aroma besonders in Pilzsuppen. Zum Kochen werden allerdings nur die Hüte verwendet, da die Stiele der Stockschwämmchen zäh sind. Das Stockschwämmchen hat einen gefährlichen Doppelgänger: den Nadelholz- oder Gift-Häubling. Dieser Pilz enthält nicht nur das gleiche Gift wie der Grüne Knollenblätterpilz, sondern sieht dem Stockschwämmchen, bis auf kleine Abweichungen am Stiel, sehr ähnlich. Da es immer häufiger vorkommt, dass der Gift-Häubling sogar am gleichen Standort wächst, sollte das Stockschwämmchen nur von Kennern gesammelt werden.

Vorkommen:

Sporenfarbe:

Speisewert:

Hutdurchmesser: 2–6 cm

Blauer Träuschling

Stropharia caerulea

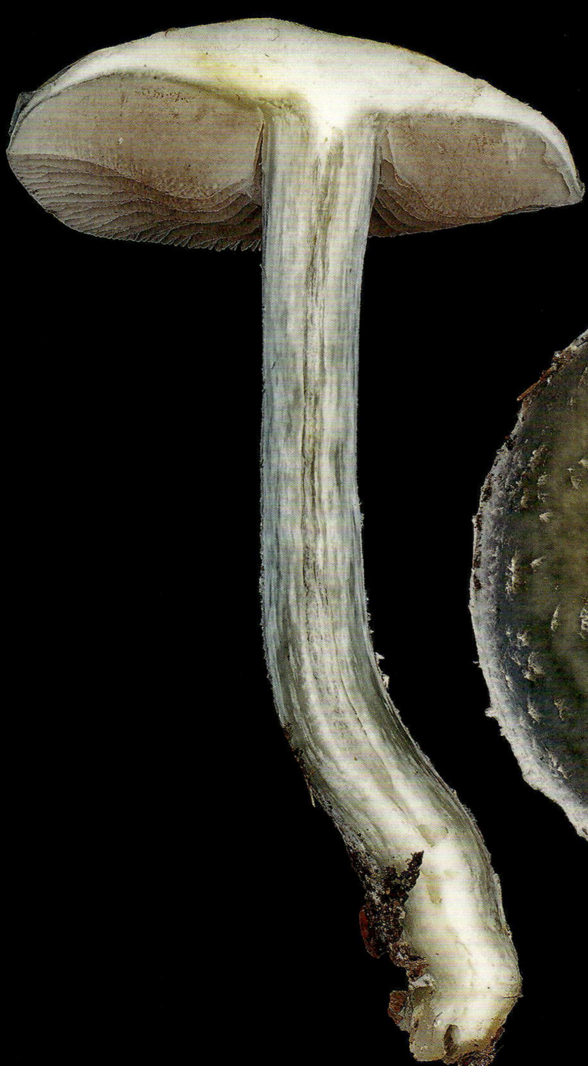

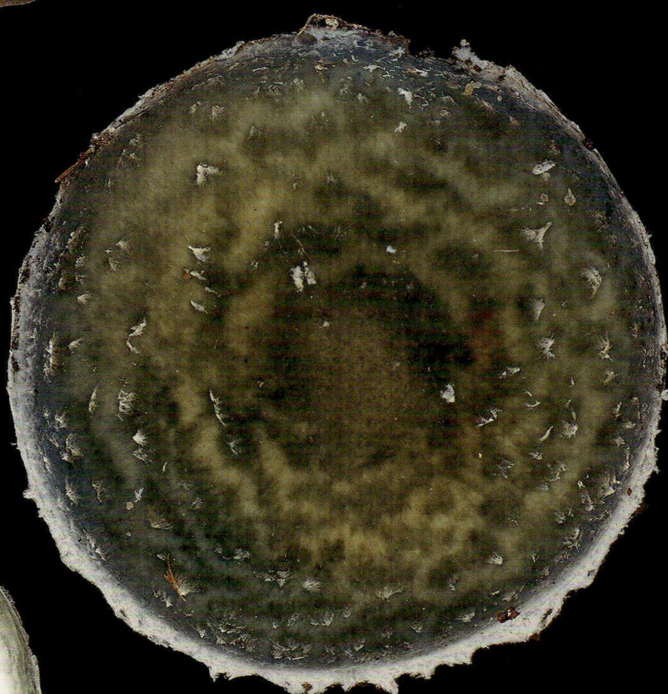

Blauer Träuschling, Grünblauer Träuschling, Braunsporiger Träuschling – Namen, die diesen Pilz sehr treffend beschreiben. Zu finden ist er im Mischwald, in Parks und Gärten, bevorzugt in der Nähe von Brennnesseln. Wäre er ähnlich groß wie der Fliegenpilz, könnte er ihm wegen seiner hübschen Erscheinungsform den Rang eines „Märchenpilzes“ streitig machen. Über seinen Speisewert wird gestritten: Wird die schleimige Huthaut abgezogen, soll er als Mischpilz brauchbar sein. Es wird vermutet, dass sich Giftstoffe im Schleim befinden, die bei empfindlichen Personen zu Magen-Darm-Störungen geführt haben.

Vorkommen:

Sporenfarbe:

Speisewert:

Hutdurchmesser: 2–6 cm

Grünspan-Träuschling
Stropharia aeruginosa

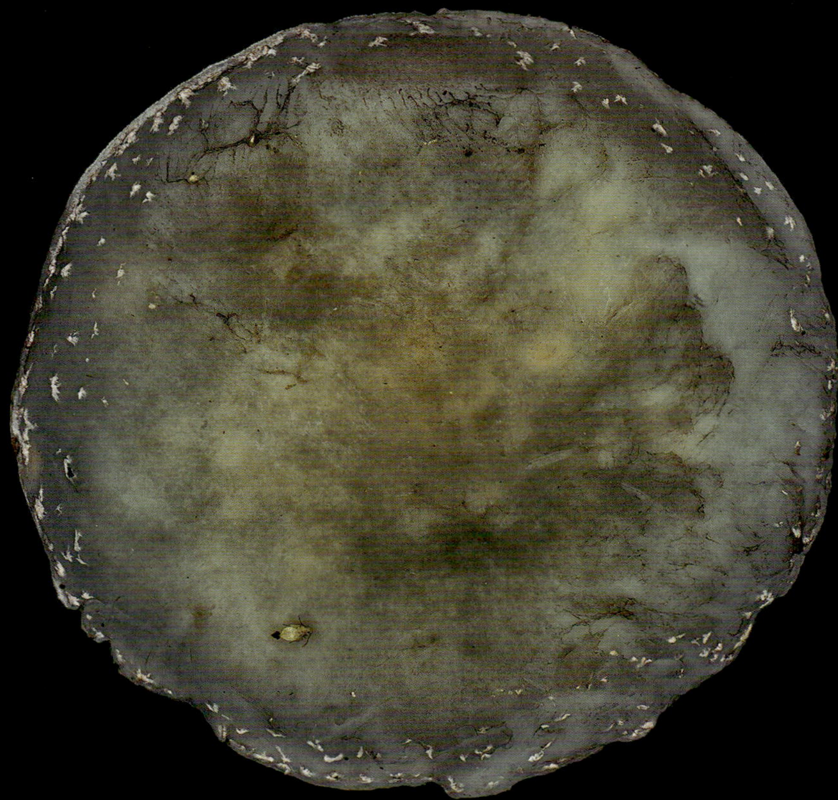

Besonders appetitlich sieht er nicht aus, der Grünspan-Träuschling. Doch das täuscht. Der Pilz, der mit seinen weißen Schuppen aussehen kann, wie ein bläulicher Verwandter des Fliegenpilzes, ist bei Sammlern ein beliebter Speisepilz, obwohl über seinen Speisewert gestritten wird. Auf jeden Fall sollte die oft schleimige Huthaut vor der Verarbeitung entfernt werden. Eines der wenigen Merkmale, die ihn vom Blauen Träuschling unterscheidet, ist sein deutlich erkennbarer Ring. Woher der Name „Träuschling" stammt, ist so leicht nicht herauszufinden. Vermutlich leitet er sich vom lateinischen „thyrsus" ab, was so viel wie „Stängel" bedeutet.

Vorkommen:

Sporenfarbe:

Speisewert:

Hutdurchmesser: 3–8 cm

Graublättriger Schwefelkopf

Hypholoma capnoides

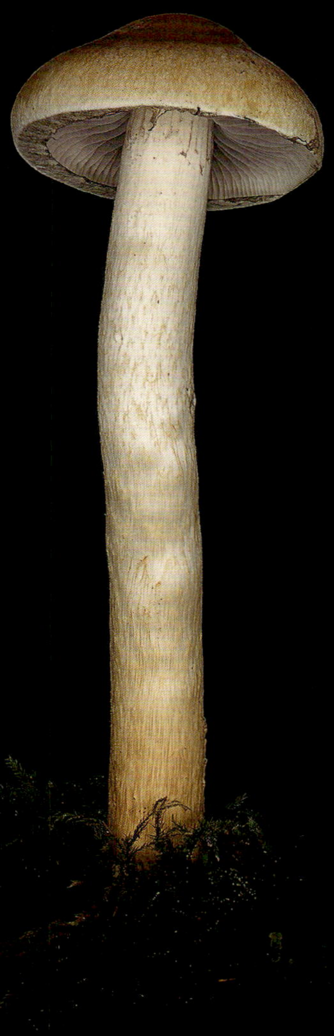

Hier lohnt ein sehr genauer Blick – vor allem auf die Lamellen, wenn man eine Verwechslung mit dem Grünblättrigen Schwefelkopf vermeiden will. Die Namen weisen deutlich auf die einzige optische Unterscheidungsmöglichkeit hin: Beim essbaren Graublättrigen Schwefelkopf sind die Lamellen grau, beim Grünblättrigen grünlich. Pilzexperten raten dazu, im Zweifel eine kleine Geschmacksprobe zu nehmen (nach dem Kauen ausspucken!). Ist der Geschmack bitter, handelt es sich um den giftigen Grünblättrigen Schwefelkopf, dessen Verzehr zu Problemen im Magen-Darm-Trakt führen kann. Der Grau- oder auch Rauchblättrige Schwefelkopf ist ein beliebter und ergiebiger Speisepilz, dessen Hüte gedünstet oder als Pilzsuppe zubereitet werden können.

Vorkommen:

Sporenfarbe:

Speisewert:

Hutdurchmesser: 2–6 cm

Grünblättriger Schwefelkopf

Hypholoma fasciculare

Selbst manche Kenner tun sich schwer, den Grünblättrigen- vom Rauchblättrigen Schwefelkopf zu unterscheiden. Und doch ist die Unterscheidung sehr wichtig. Denn der Grünblättrige Schwefelkopf ist giftig, der Rauchblättrige ist essbar. Ein Blick auf die Lamellen („Blätter“) schafft erste Klarheit: Sie sind grünlich bis grüngelb. Helfen kann auch ein Geschmackstest, wobei man die Probe sofort ausspucken sollte, wenn sie sich als bitter erweist. Denn in diesem Fall hat man es garantiert mit dem Grünblättrigen Schwefelkopf zu tun.

Vorkommen:

Sporenfarbe:

Speisewert:

Hutdurchmesser: 2–7 cm

Orangeroter Träuschling
Stropharia aurantiaca

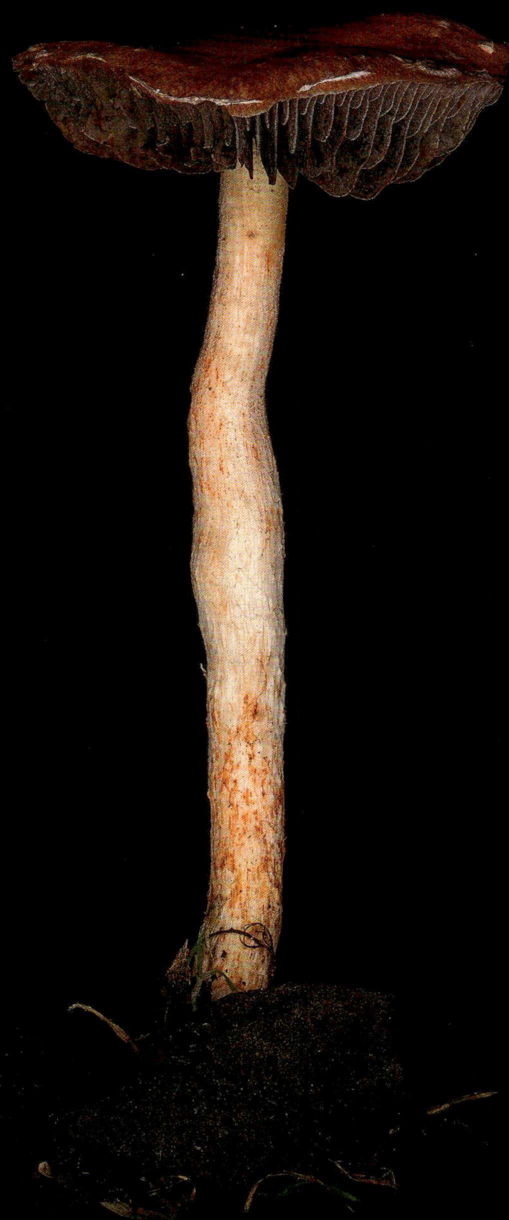

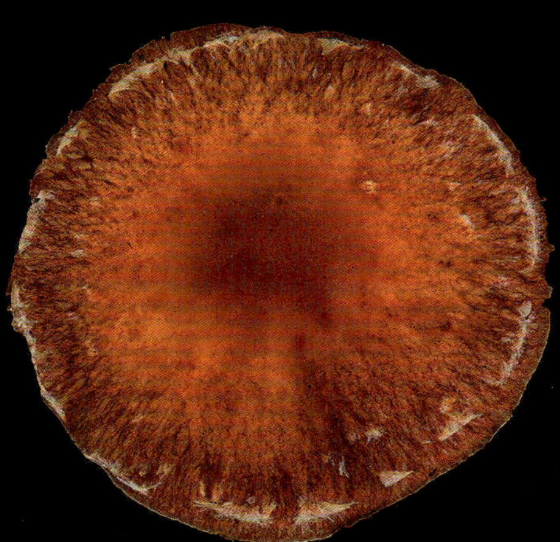

Der eher zarte, aber auffällige Orangerote Träuschling scheint sich erst jetzt, von Westeuropa ausgehend, langsam in Deutschland auszubreiten. Daher ist er (noch) sehr selten zu finden. Er lebt als Zersetzer auf Holz in Laub- oder Mischwäldern. Auch in Parks oder Gärten kommt er vor. Wie viele Träuschlinge ist auch der Orangerote Träuschling kein Speisepilz.

Vorkommen:

Sporenfarbe:

Speisewert:

Hutdurchmesser: 2–8 cm

Austernseitling
Pleurotus ostreatus

Einer der wenigen schmackhaften Pilze, die in Mitteleuropa meist im Winter gefunden werden. In der Regel wächst er an den Stämmen von geschädigtem Laubholz. Da er sich leicht kultivieren lässt, ist er neben Champignon und Shiitake einer der wichtigsten Marktpilze. Kulinarisch ist dieser Pilz äußerst vielseitig verwendbar: paniert und gebraten, gegrillt oder frittiert. Er kann aber auch gekocht und wie ein Fleischsalat zubereitet werden.

Vorkommen:

Sporenfarbe:

Speisewert:

Hutdurchmesser: 5 – 15 cm

Lungenseitling

Pleurotus pulmonarius

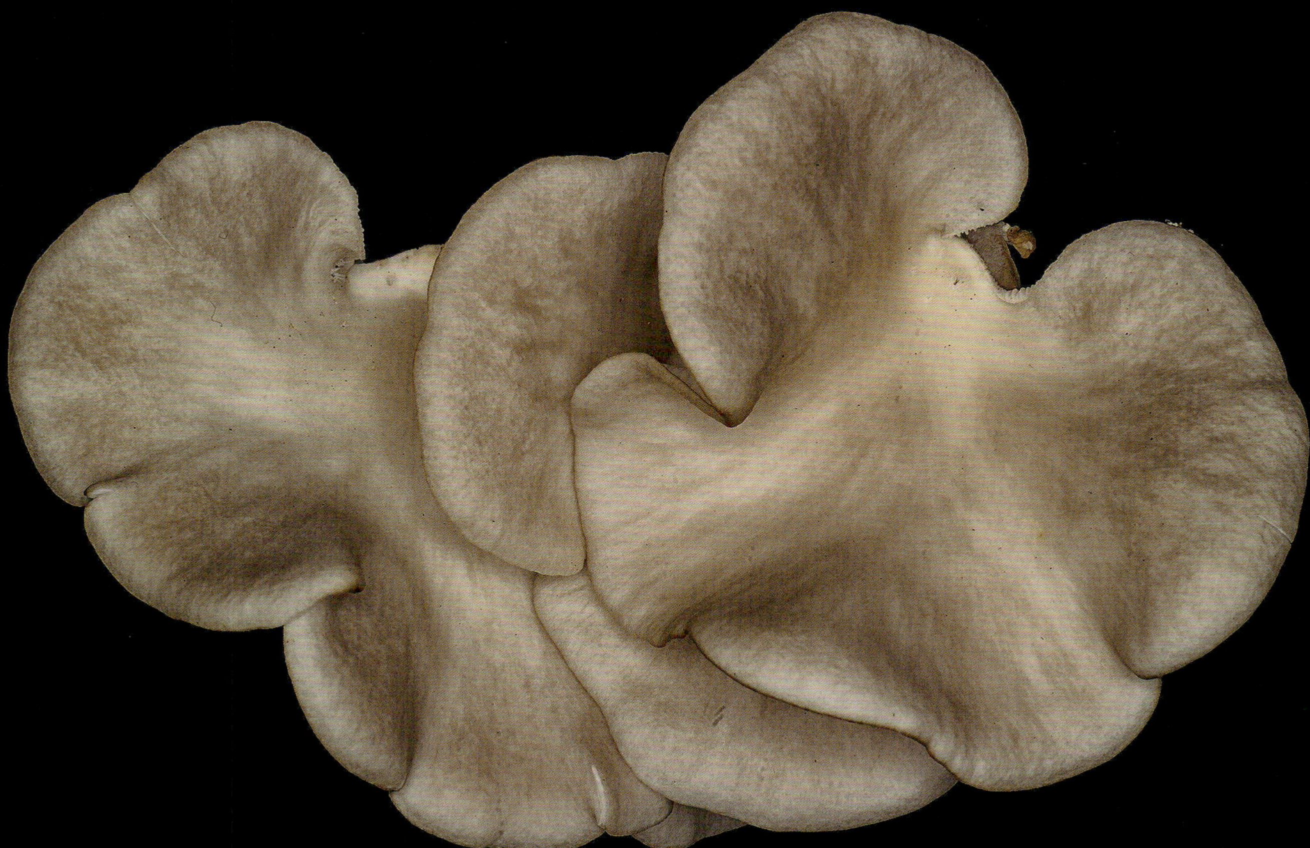

Er ähnelt sehr dem beliebten Austernseitling und wird, seinem Vorkommen entsprechend, auch als „Sommer-Austernseitling" bezeichnet. Wie der Austernseitling ist er ein guter Speisepilz, dabei sogar noch ergiebiger, da er normalerweise dickfleischiger ist. Der Pilz stellt keine besonderen Anforderungen an seine Umgebung, was ihm eine weite Verbreitung eingebracht hat. Wer trotzdem keine Lust hat, in Wäldern nach dem Lungenseitling zu suchen, kann ihn auch im Garten auf einem Baumstamm züchten.

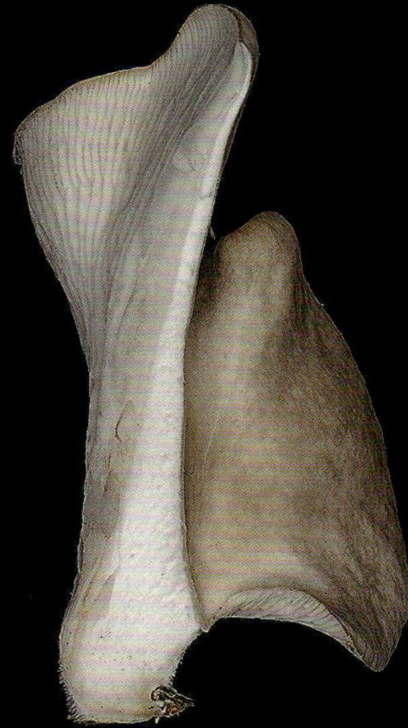

Vorkommen:

Sporenfarbe:

Speisewert:

Hutdurchmesser: 5–10 cm

Orange-Ellerling

Cuphophyllus pratensis

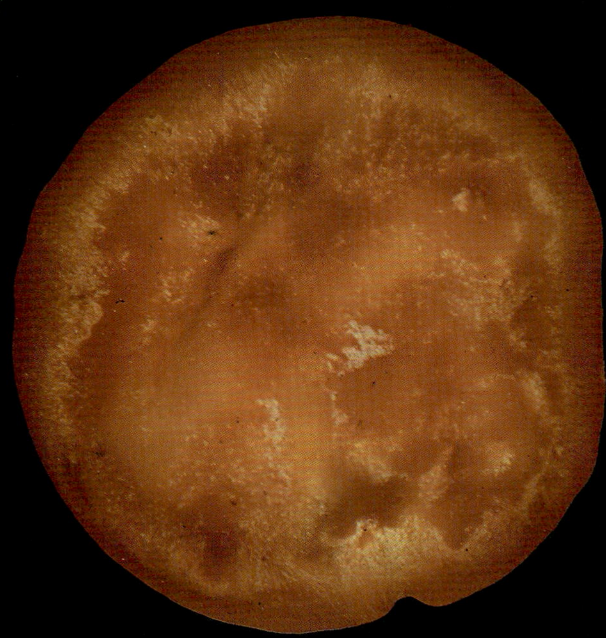

Dieser Pilz wird auch Orangefarbener Wiesen-Ellerling genannt, was seinen Standort gut charakterisiert. Auffällig sind neben seiner Farbe die oft queraderig verbundenen Lamellen. Er wird als guter Speisepilz angegeben (roh ist er, wie die meisten Pilze, giftig). Da er aber außerhalb höherer Lagen nur noch selten vorkommt, steht er in Deutschland unter Naturschutz und sollte deshalb geschont werden.

Vorkommen:

Sporenfarbe:

Speisewert:

Hutdurchmesser: 2–7 cm

Spitzgebuckelter Raukopf

Cortinarius rubellus

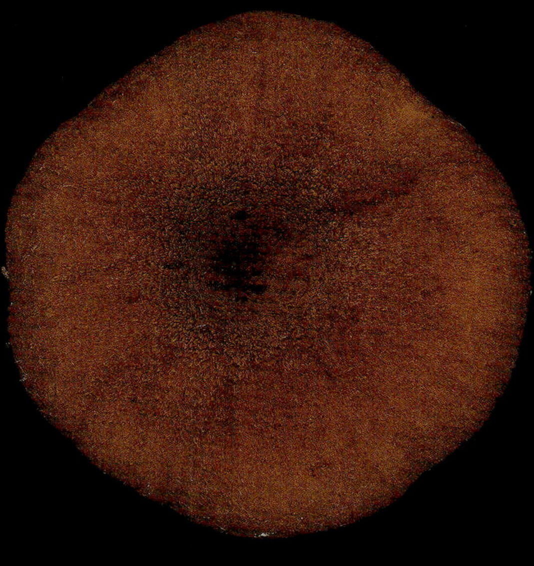

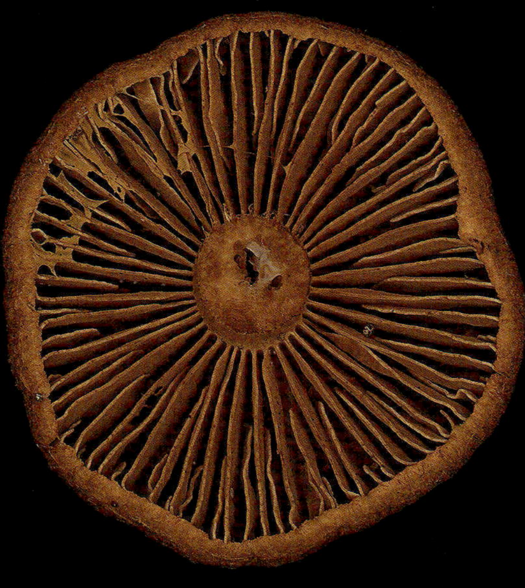

Wer Pilze für den Verzehr sammelt, sollte vor allem diejenigen kennen, die tödlich giftig sind. Der Spitzgebuckelte Raukopf zählt zu diesen Pilzen. Er enthält einen Stoff, der im Magen zu Orellanin gewandelt wird, das vornehmlich die Nieren zersetzt. Wie bei fast allen tödlich giftigen Pilzarten dauert es oft 4 bis 48 Stunden, bis die ersten Symptome auftreten. In diesem Zeitraum hat aber die Schädigung der Organe bereits begonnen. Besonders genau hinschauen sollte man beim Sammeln von Trompetenpfifferlingen, da er gern zwischen ihnen wächst.

Vorkommen:

Sporenfarbe:

Speisewert:

Hutdurchmesser: 3–8 cm

Violetter Schleierling

Cortinarius violaceus

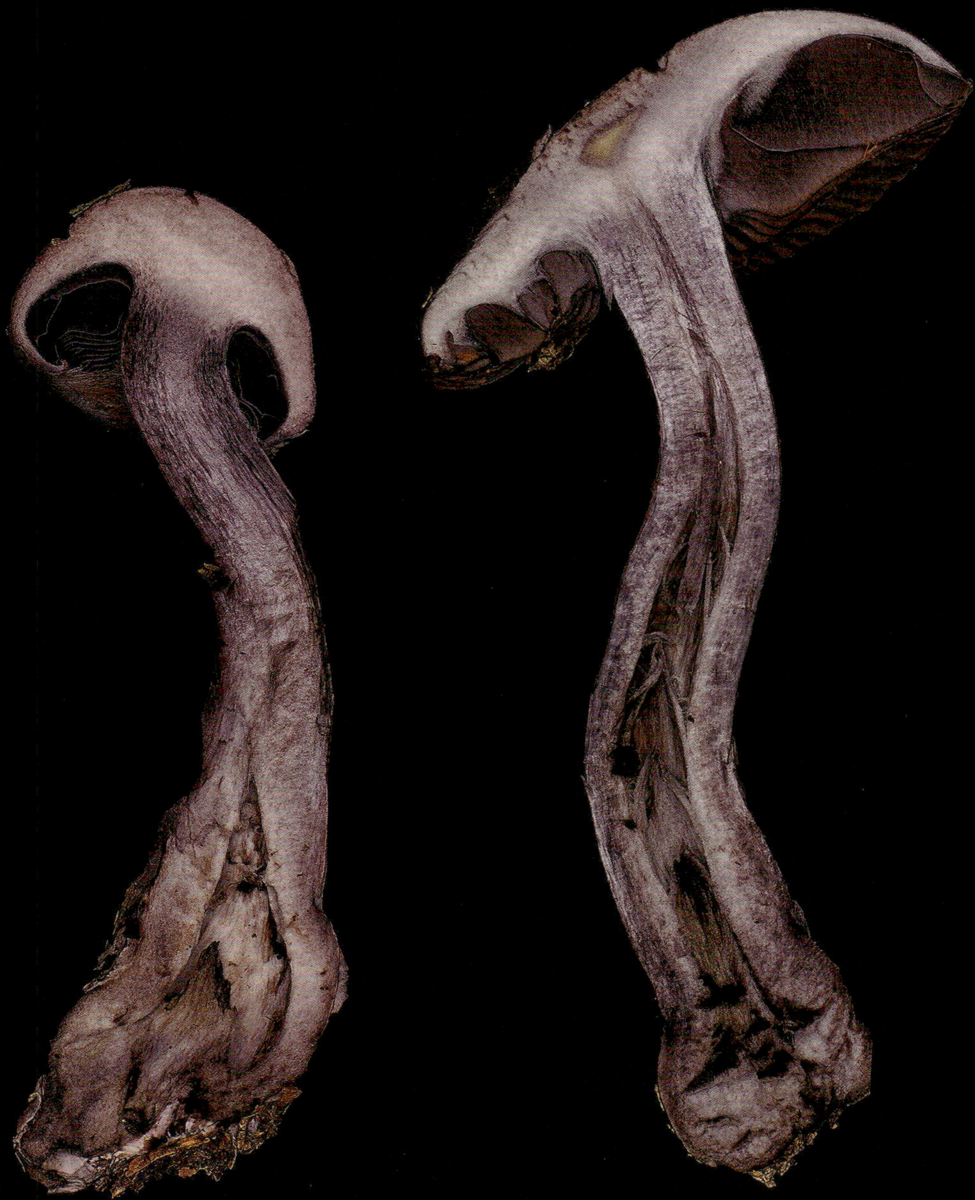

Seine violette Farbe macht ihn unter den Schleierlingen eigentlich unverwechselbar. Sie rührt nach neueren Erkenntnissen von seinem sehr hohen Eisengehalt her. Der Violette Schleierling verbreitet einen angenehmen Geruch nach Zedernholz. Dem steht allerdings ein eher unangenehm muffiger Geschmack gegenüber. Daher eignet er sich lediglich als Beimischung zu Pilzgerichten.

Vorkommen:

Sporenfarbe:

Speisewert:

Hutdurchmesser: 4–15 cm

Schönfuß-Röhrling

Boletus calopus

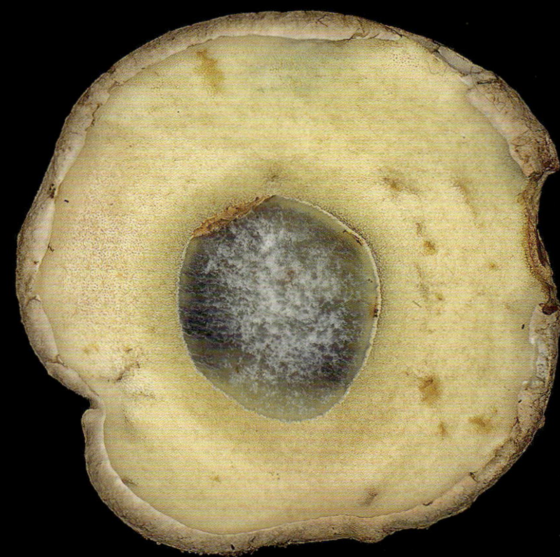

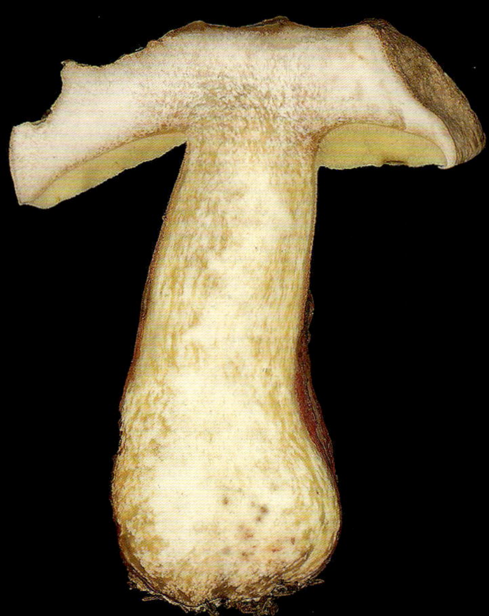

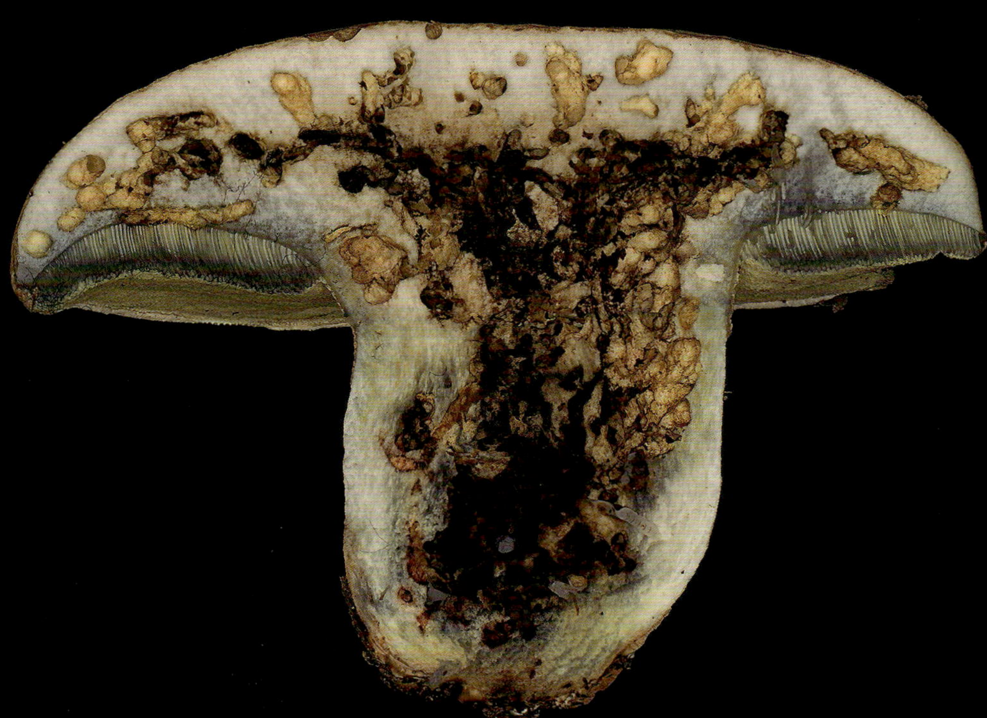

Der Schönfuß-Röhrling kann ein echter Hingucker sein – besonders wenn es sich um ein junges Exemplar handelt. Dann leuchten seine Farben auffällig. Allerdings ist der Schönfuß-Röhrling einer der wenigen giftigen Vertreter der Dickröhrlings-verwandten. Die Vergiftungserscheinungen reichen von Magen-Darm-Beschwerden bis zu möglichen Todesfällen.

Vorkommen:

Sporenfarbe:

Speisewert:

Hutdurchmesser: 5–13 cm

Gallenröhrling
Tylopilus felleus

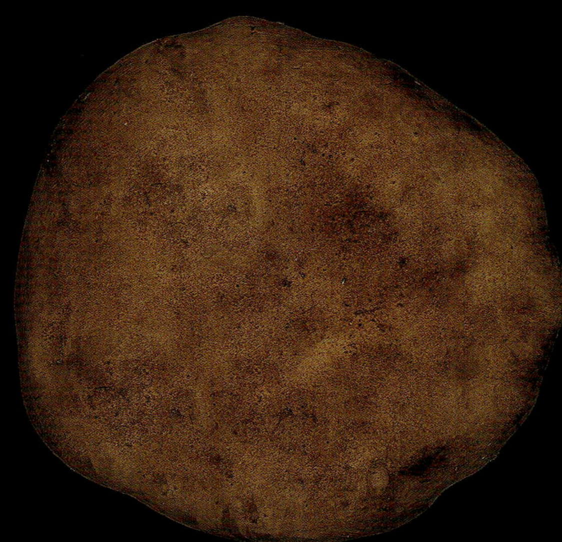

Schon so manchem Pilzsammler hat er die Mahlzeit verdorben, der sich über einen vermeintlichen Steinpilzfund gefreut hatte. Tatsächlich sieht der Gallenröhrling dem Gemeinen Steinpilz recht ähnlich und ist zudem in vergleichbaren Biotopen zu finden. Ein Blick auf die Unterseite des Hutes sorgt aber meist für Klarheit. Denn der Schwamm ist leicht rosafarben. Außerdem kann ein kurzer Test mit der Zungenspitze helfen, der beim Gallenröhrling sofort einen sehr bitteren Geschmack offenbart.

Vorkommen:

Sporenfarbe: **Speisewert:** **Hutdurchmesser:**

4–14 cm

Schmarotzender Röhrling

Pseudoboletus parasiticus

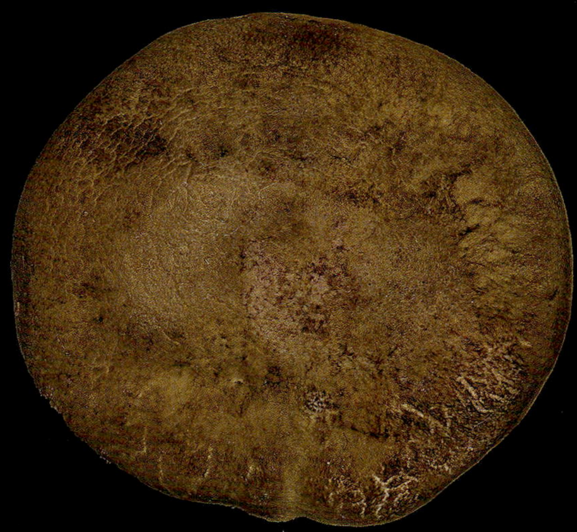

Die Bezeichnung „Schmarotzer" ist nicht gerade ein Kompliment. Schließlich nutzen Schmarotzer ihre Wirte hemmungslos aus. Das gilt auch für den Schmarotzenden Röhrling, der als Parasit den Dickschaligen Kartoffelbovist befällt. Er gilt, anders als sein Wirtspilz, als Speisepilz. Allerdings wird er in den Roten Listen gefährdeter Großpilze als „gefährdet" bis „stark gefährdet" geführt und sollte deshalb nicht gesammelt werden.

Vorkommen:

Sporenfarbe:

Speisewert:

Hutdurchmesser: 1–8 cm

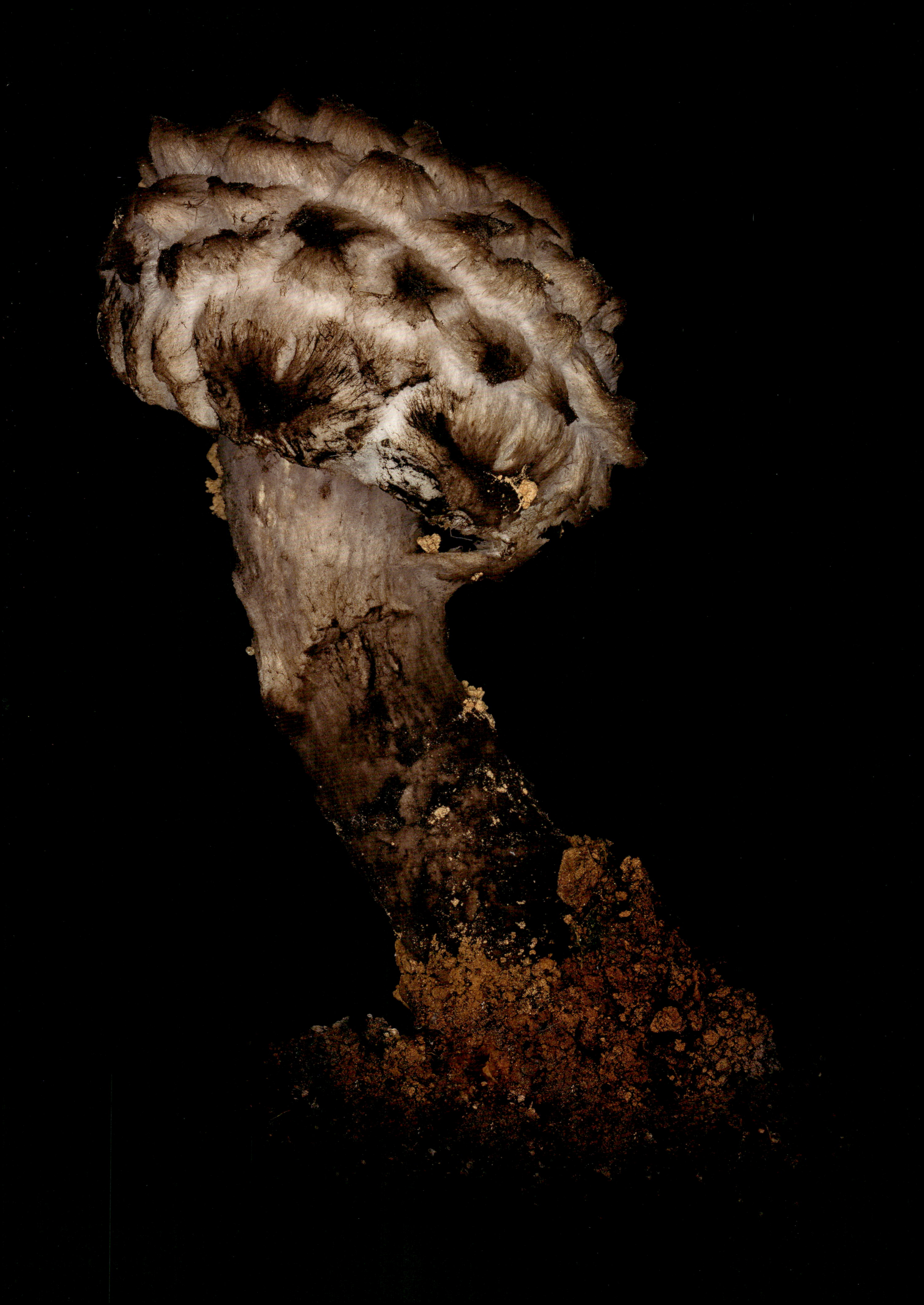

Strubbelkopfröhrling

Strobilomyces strobilaceus

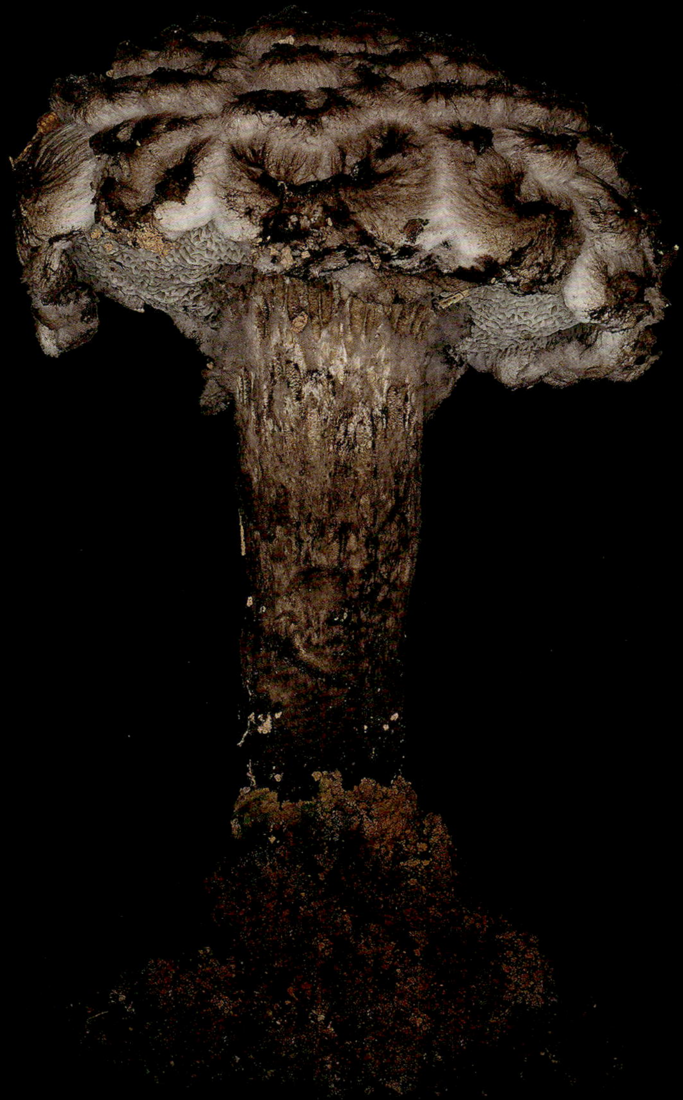

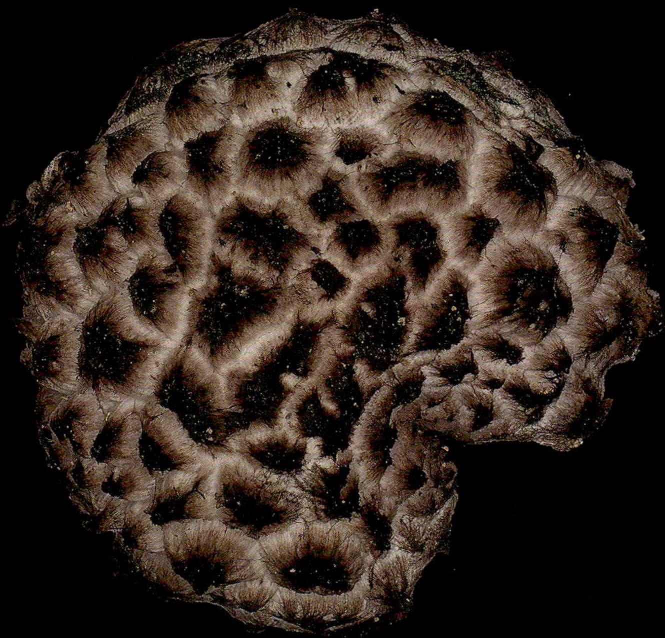

In Nordamerika ist er der „Old man of the woods“, in Deutschland erkennt man eher einen Strubbelkopf. Welcher Assoziation man auch immer folgen mag: Der Pilz hat in jedem Fall ein sehr markantes Äußeres. In der Vergangenheit wurde er zum Färben von Kleidung verwendet und seltener zum Essen. Denn obwohl der Strubbelkopfröhrling jung als essbar gilt, ist er wegen seines faden Geschmacks und seiner schwammigen Konsistenz keine Empfehlung.

Vorkommen:

Sporenfarbe:

Speisewert:

Hutdurchmesser: 5 – 10 cm

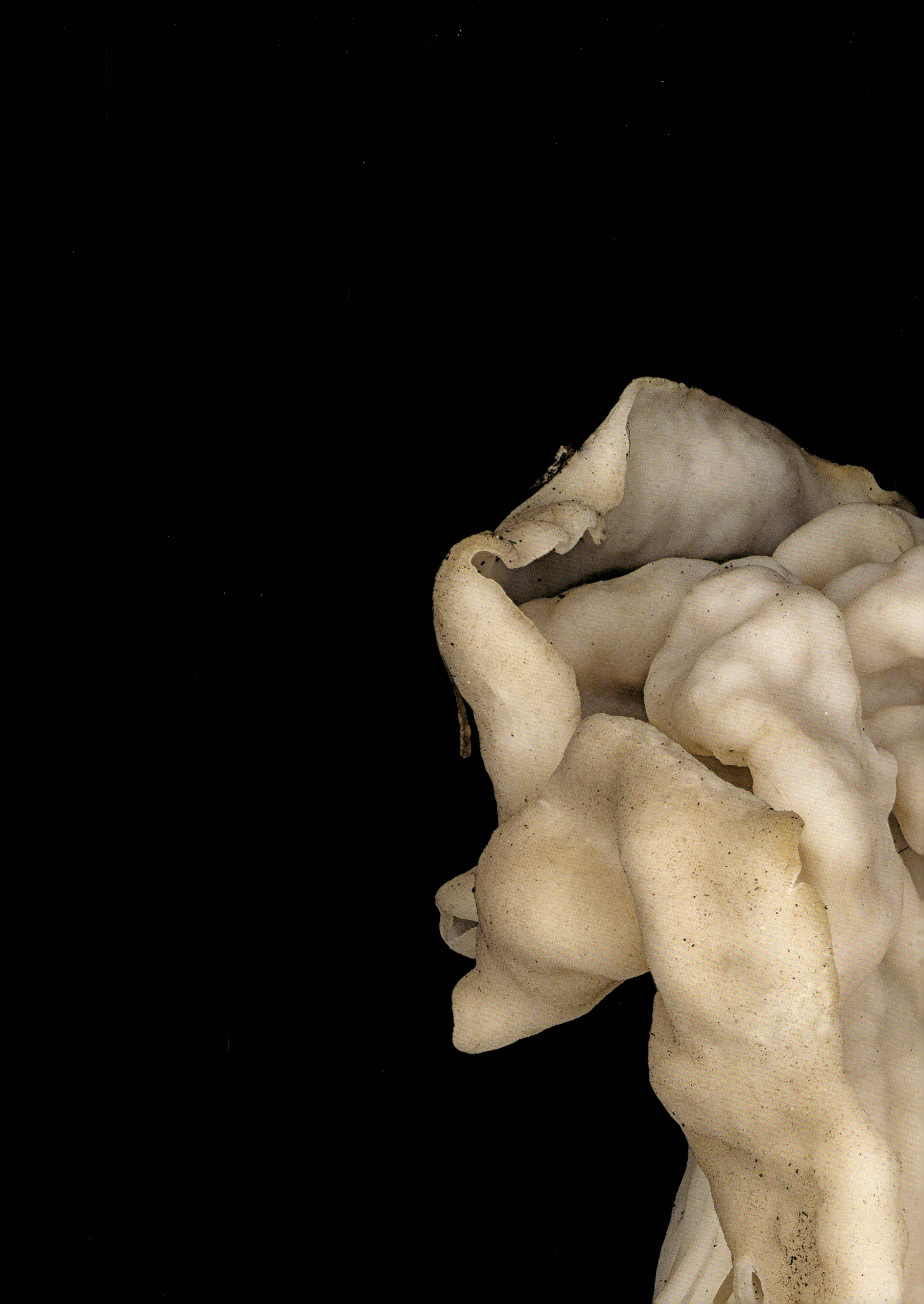

Andere Formen

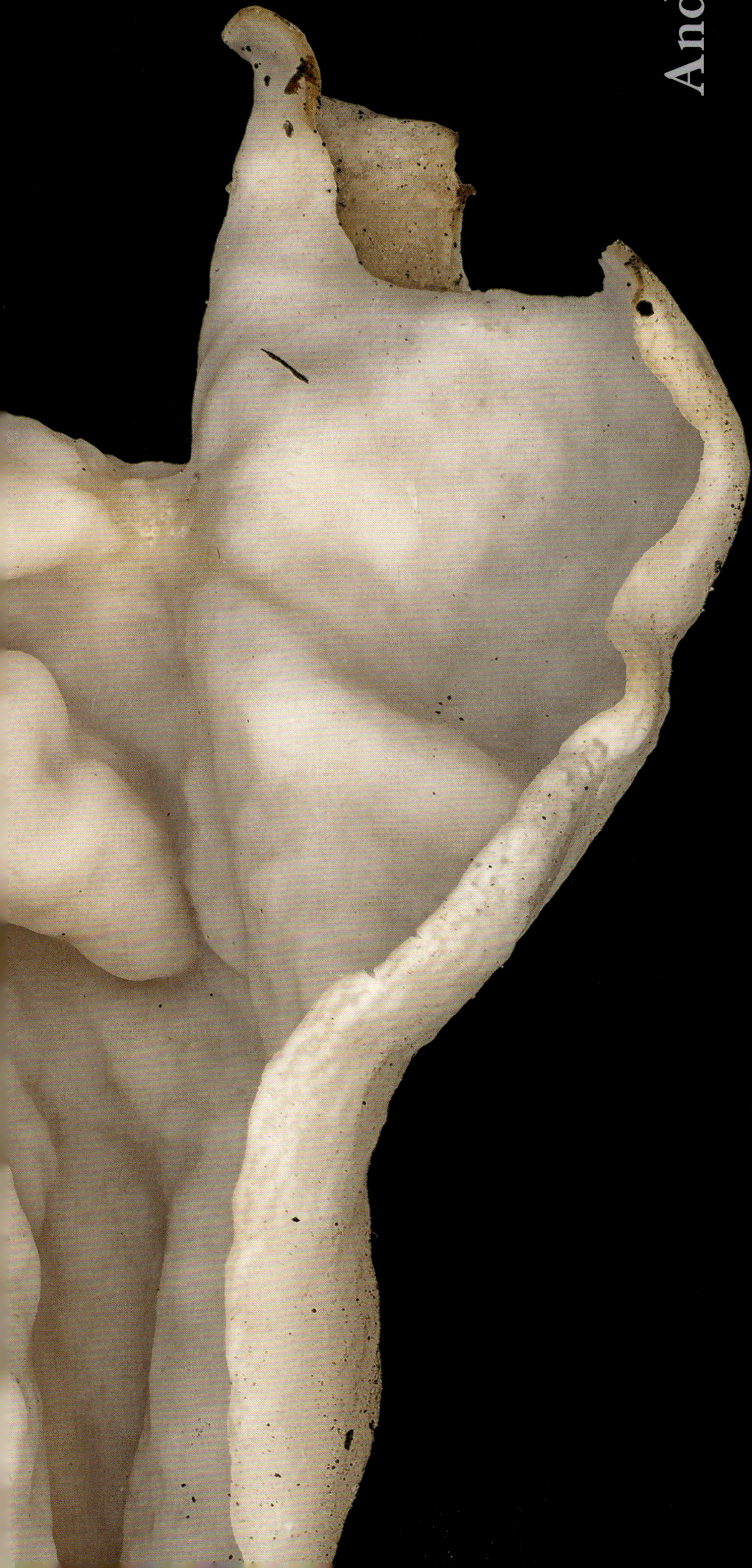

Pfifferling

Cantharellus cibarius

Seit Mitte der 1970er-Jahre ist er in Deutschland auf dem Rückzug – wahrscheinlich infolge der Luftverschmutzung. Dass der Pfifferling früher hierzulande eine sehr große Verbreitung hatte und deswegen als Speisepilz in riesigen Mengen zur Verfügung stand, zeigt die Redewendung, dass etwas „keinen Pfifferling" wert ist. Heute muss man in Deutschland für den beliebten Pilz hingegen schon ein wenig tiefer in die Tasche greifen – und bekommt dafür meist Ware aus osteuropäischen Ländern.

Vorkommen:

Sporenfarbe:

Speisewert:

Hutdurchmesser: 2 – 10 cm

Bereifter Pfifferling

Cantharellus subpruinosus

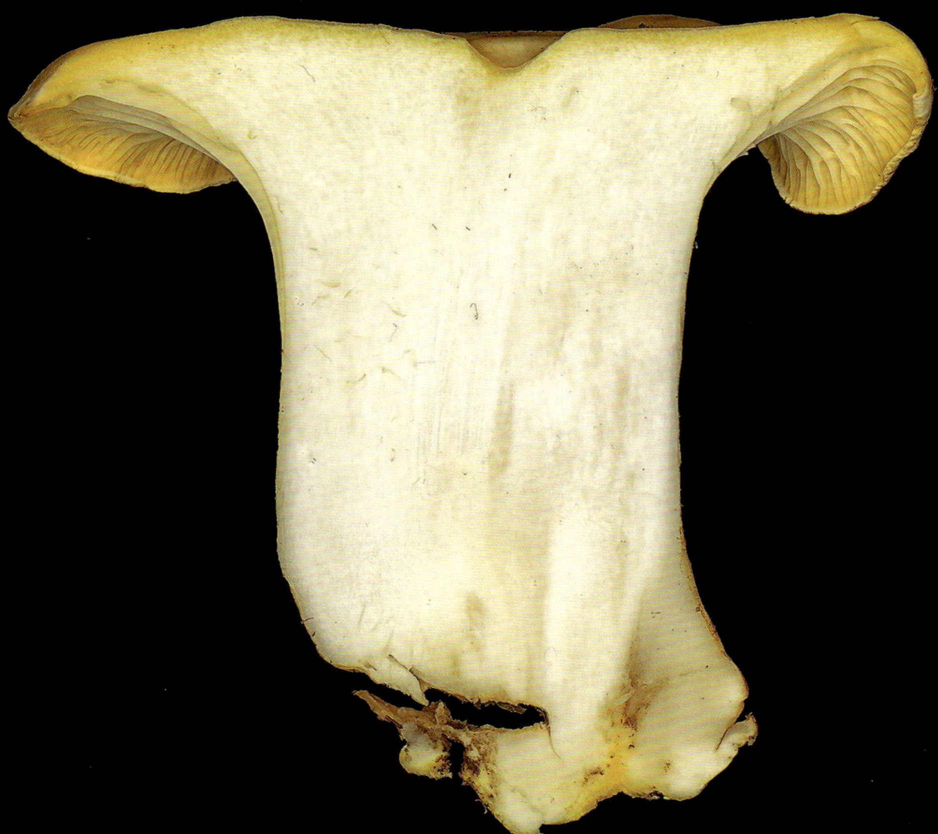

Wie seine anderen Verwandten zählt auch der Bereifte Pfifferling zu den sogenannten Vital- oder Heilpilzen. Grund sind einige seiner Inhaltsstoffe, die gleich eine ganze Reihe positiver Eigenschaften vereinen: Sie wirken antiviral, antioxidativ und antibiotisch und gelten sogar als krebshemmend. Dass der Bereifte Pfifferling zudem ein exzellenter Speisepilz ist, macht ihn bei Sammlern nur umso beliebter. Seinen Namen verdankt der Bereifte Pfifferling übrigens seiner teils deutlich weißen Färbung, die es aussehen lässt, als hätte sich Reif auf den Pilz gesetzt.

Vorkommen:

Sporenfarbe:

Speisewert:

Hutdurchmesser: 2–8 cm

Trompetenpfifferling

Craterellus tubaeformis

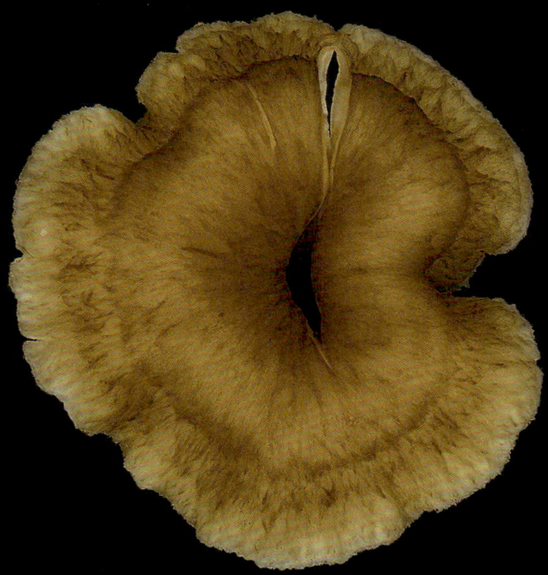

Dieser Leistling ist ein ergiebiger Massenpilz, der bis in den Spätherbst zu finden ist. Eine Variante ist der Gelbstielige Trompetenpfifferling (var. lutescens). Er schmeckt ausgezeichnet und lässt sich durch Trocknen lange Zeit haltbar machen. Beim Sammeln, spätestens beim Putzen der Pilze, sollte man genau hinsehen, um eine Verwechslung mit dem Gallertkäppchen oder, schlimmer, dem (jungen) Spitzgebuckelten Raukopf (tödlich giftig, S. 101) auszuschließen, die beide an denselben Standorten vorkommen können.

Vorkommen:

Sporenfarbe:

Speisewert:

Hutdurchmesser: 2–6 cm

Graue Kraterelle, Grauer Leistling

Craterellus cinereus

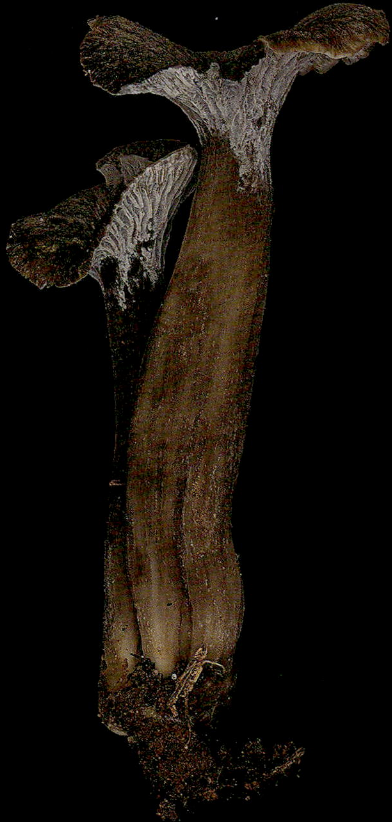

Die Graue Kraterelle gehört zur Familie der Pfifferlingsverwandten. Sie ist ein sehr seltener Pilz (stark gefährdet, rückgängige Tendenz), weshalb sie möglichst geschont werden sollte. Die Graue Kraterelle wird sehr oft mit der Herbst- oder Totentrompete verwechselt, da diese viel häufiger vorkommt. Beide sind hervorragende Speisepilze, die zudem ihr Aroma verstärken, wenn sie getrocknet werden.

Vorkommen:

Sporenfarbe:

Speisewert:

Hutdurchmesser: 2–6 cm

Semmel-Stoppelpilz

Hydnum repandum

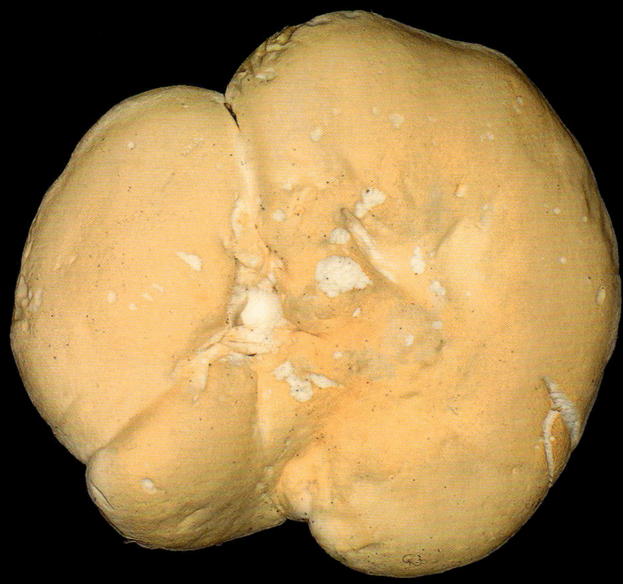

Dieser leicht zu bestimmende Pilz kann aus einiger Entfernung für einen Pfifferling gehalten werden. Es gibt ihn in farblichen Varianten (weißlich bis lederfarben, semmel- bis rotgelbfarben), die früher in unterschiedliche Arten unterteilt wurden. Er schmeckt im Alter etwas bitter und ist dann als Speisepilz minderwertig. Dass deshalb die Meinungen über seinen Speisewert so weit auseinandergehen, ist unverständlich: Alles in allem ist er ein hervorragender, festfleischiger und geschmackvoller Pilz, der dem Vergleich mit anderen sehr guten Speisepilzen leicht standhält.

Vorkommen:

Sporenfarbe:

Speisewert:

Hutdurchmesser: 3 – 10 cm

Habichtspilz
Sarcodon imbricatus

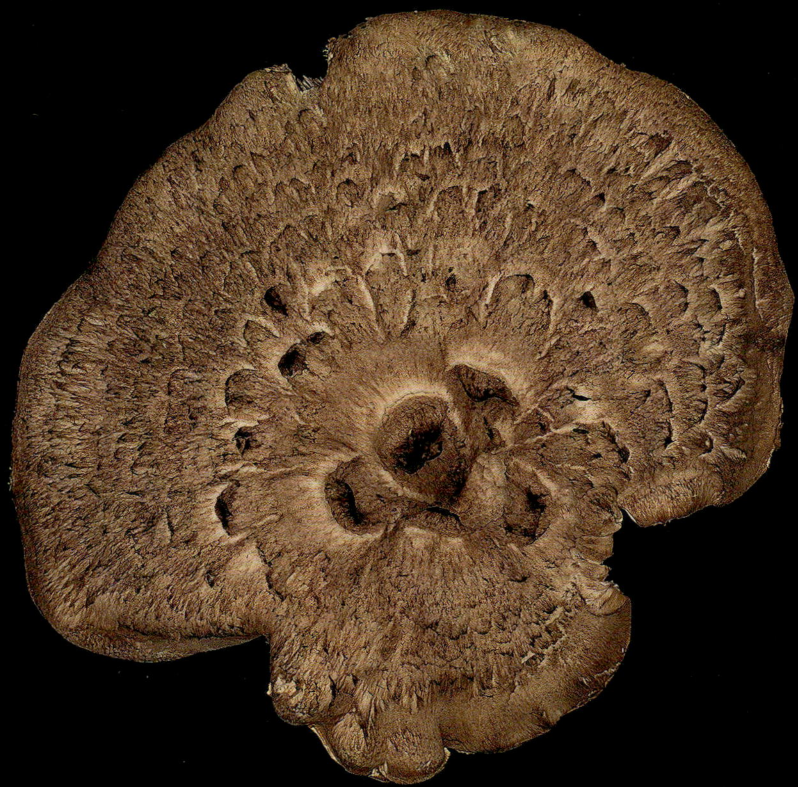

Der Habichtspilz ist ein in vieler Hinsicht besonderer Pilz: Seine Fruchtkörper können stattliche Größen erreichen, und seine Stacheln erreichen Längen von über 1 cm. Tatsächlich erinnert die Färbung seines Hutes ein bisschen an ein Habichtsgefieder. Früher war der Habichtspilz ein beliebter und weitverbreiteter Speisepilz. Aufgrund sich verändernder Umweltbedingungen ist er aber so selten geworden, dass die meisten Pilzsammler ihn nur noch aus Büchern kennen. Daher wird auch dazu geraten, ihn nicht zu pflücken.

Vorkommen:

Sporenfarbe: **Speisewert:** **Hutdurchmesser:**

7–20 cm

Herbstlorchel

Helvella crispa

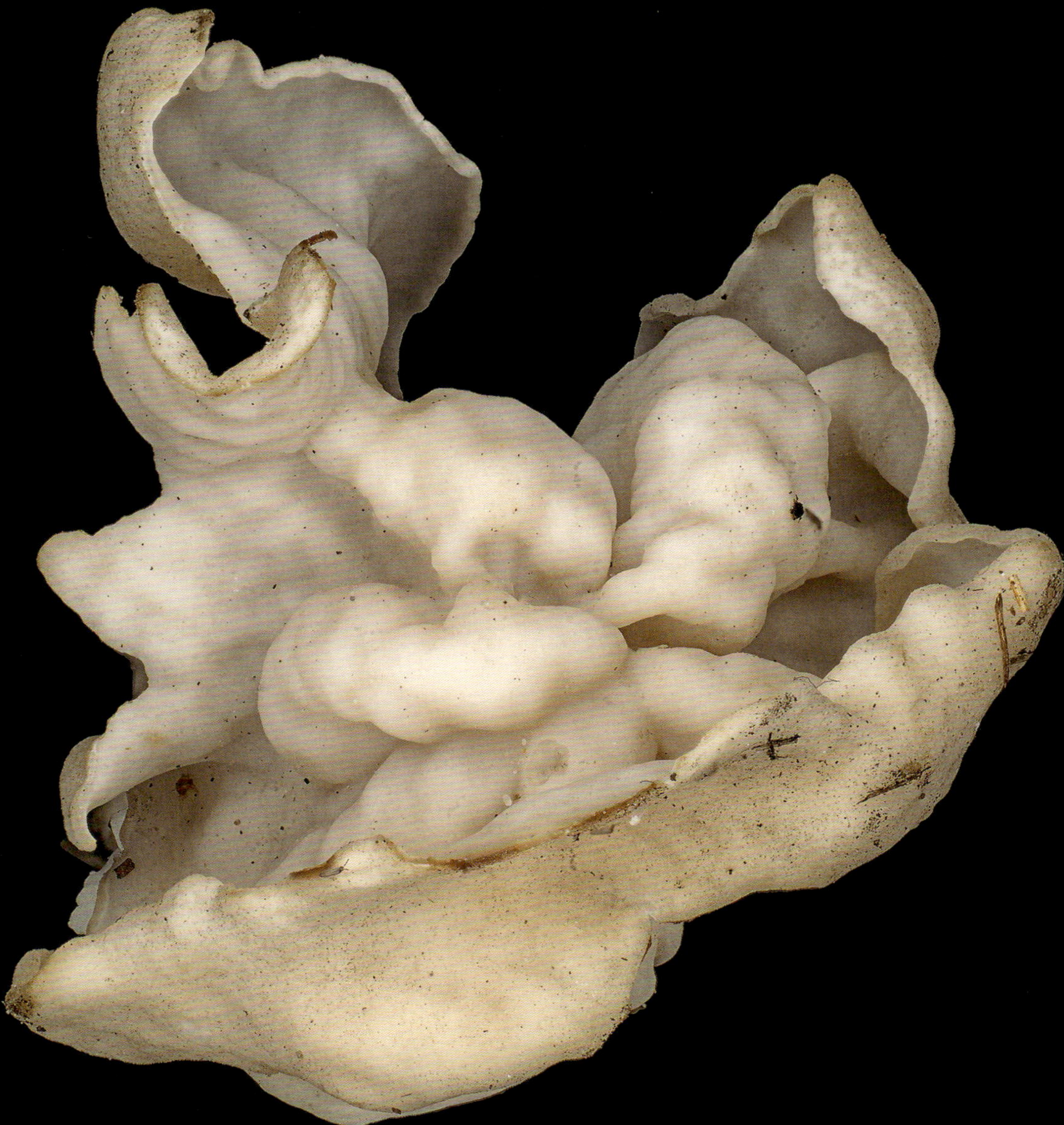

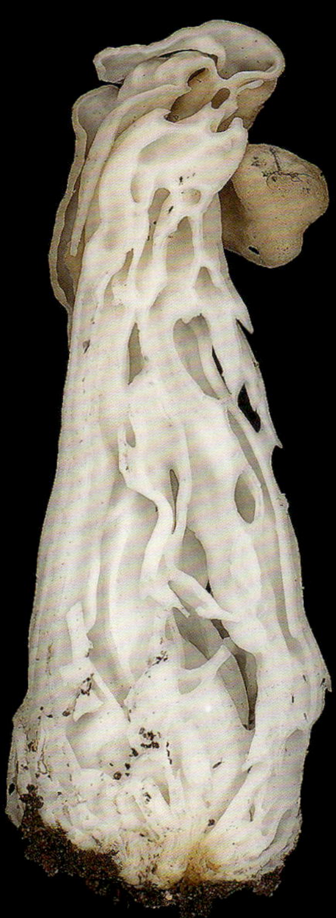

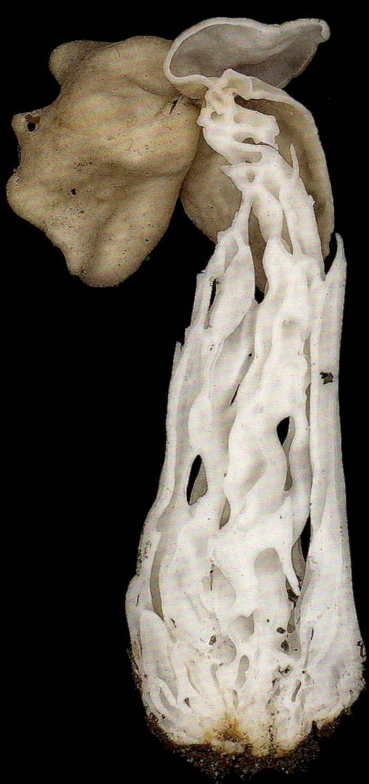

Ihre fast schon bizarr anmutende Form macht die Herbstlorchel nahezu unverwechselbar. Verschiedene Pilzführer halten eine Verwechslung mit der Gruben-Lorchel für möglich. Allerdings sind bei ihr Hut als auch Stiel deutlich dunkler. Hinsichtlich ihrer Genießbarkeit gehen die Meinungen in der Literatur weit auseinander. Während die einen die Herbstlorchel als guten Speisepilz rühmen, verweisen die anderen auf das enthaltene Gift Gyromitrin, das Leber und Nieren angreifen kann. Bei der Trocknung bzw. beim Kochen verschwindet das Gift allerdings ganz oder teilweise. Trotzdem wird aus Sicherheitsgründen vom Verzehr meistens abgeraten.

Vorkommen:

Sporenfarbe:

Speisewert:

Fruchtkörper: 5 – 18 cm

Spitzmorchel

Morchella conica s. l.

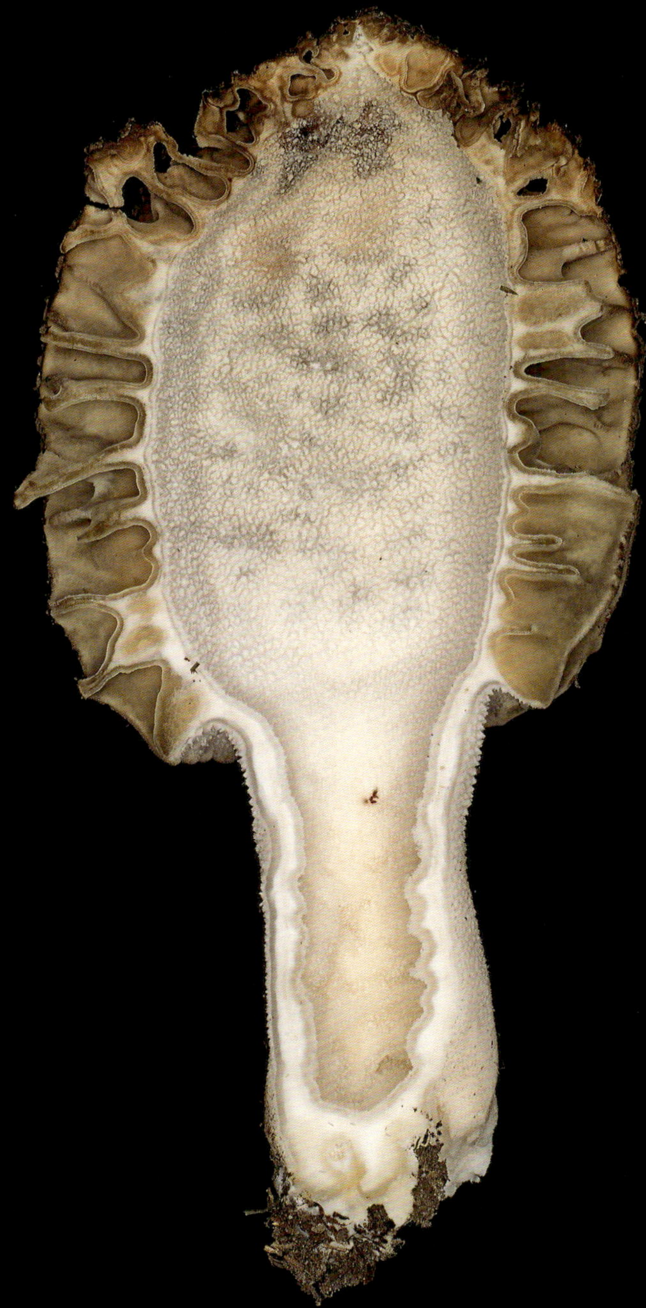

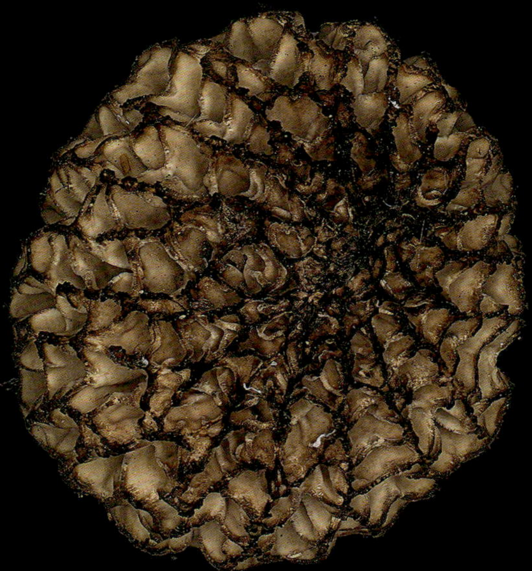

Es gibt Pilze, die sich nur mit viel Erfahrung und Hartnäckigkeit finden lassen. Die Gattung der Morcheln gehört definitiv dazu. Ähnlich wie bei Trüffeln wahren die Sammler „ihre" Fundstellen wie einen geheimen Schatz. Ihr Geschmack ist ohne Zweifel einzigartig, und er wird noch intensiver, wenn die Pilze getrocknet werden. Nach der Bundesartenschutzverordnung stehen alle Morchelarten unter Naturschutz und dürfen nur in geringen Mengen für den Eigenverbrauch gesammelt werden.

Vorkommen:

Sporenfarbe:

Speisewert:

Fruchtkörper: 7–11 cm

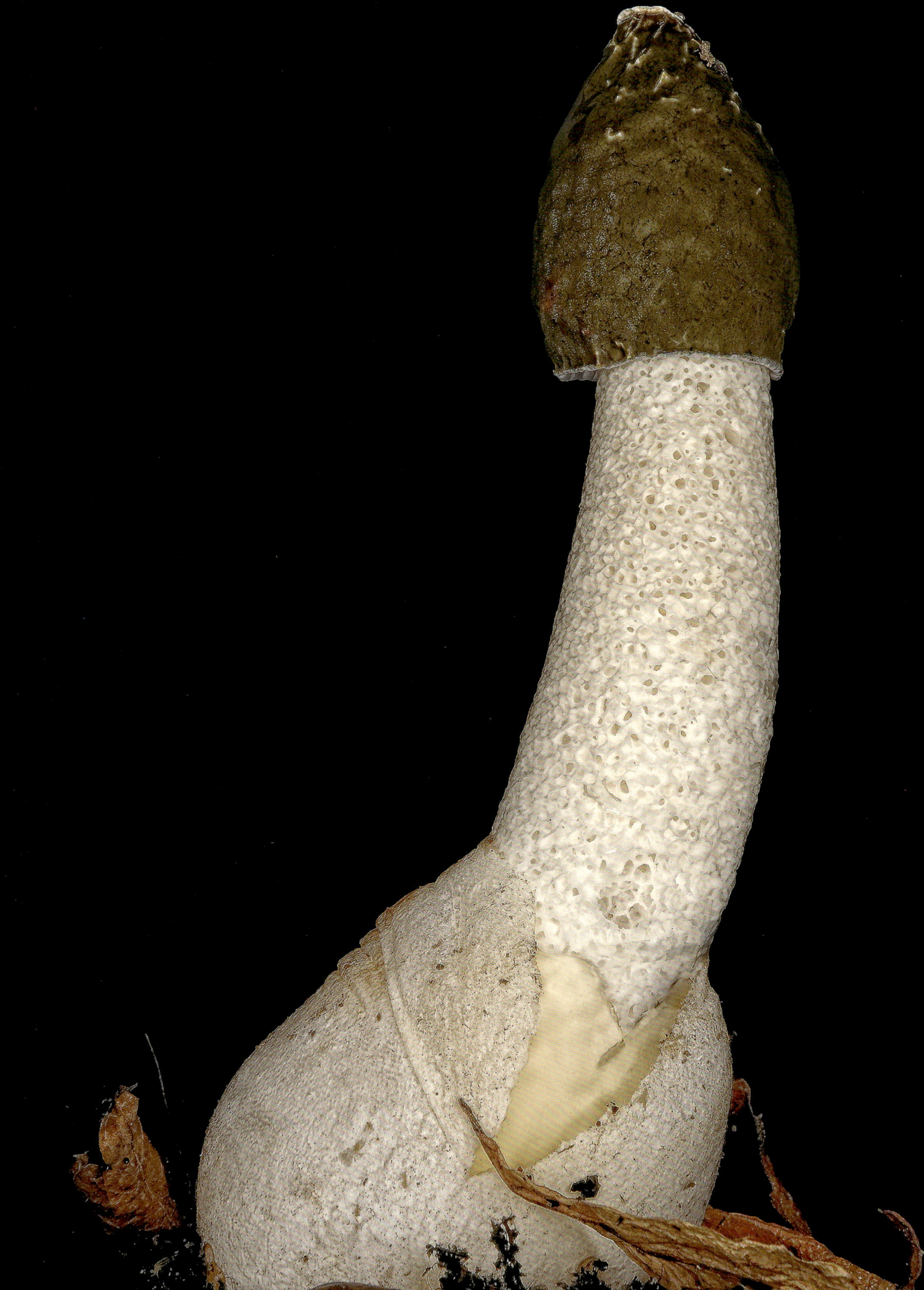

Stinkmorchel

Phallus impudicus

Ihr Geruch – oder besser: Gestank – ist widerlich aasartig und schon aus einigen Metern Entfernung wahrzunehmen. Die Stinkmorchel hat einige bemerkenswerte Eigenschaften. Zunächst bildet sich das „Hexenei“, das essbar ist und vielen Sammlern als Delikatesse gilt. Die Gallerthülle kann wie eine Feuchtigkeitscreme angewendet werden. Platzt das Hexenei bei Reife, wächst der Stiel innerhalb von zwei Stunden auf seine volle Größe. Die stinkende Sporenmasse lockt Fliegen an, die sie abtragen. Stinkmorcheln sind übrigens nicht mit Morcheln verwandt.

Vorkommen:

Sporenfarbe:

Speisewert:

Fruchtkörper: 3–20 cm

Hundsrute
Mutinus caninus

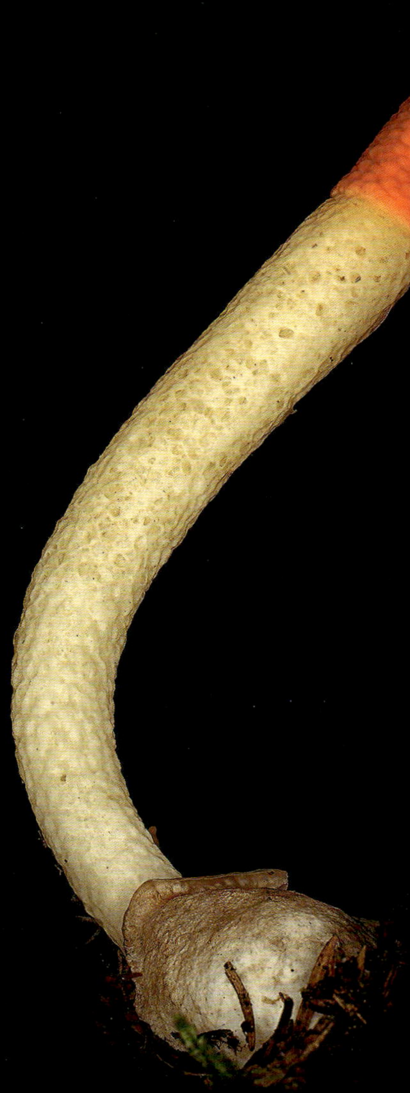

Dieser eher kleine, aber sehr auffällige Pilz ist mit den Stinkmorcheln verwandt. Und diesen Gattungsnamen darf man, was seine beschreibende Komponente angeht, wörtlich nehmen. Die Hundsrute im Speziellen riecht nach Katzenkot. Sie wächst, wie die Gemeine Stinkmorchel, aus einem Gebilde, das sich „Hexenei" nennt. Während das der Stinkmorchel essbar ist, gilt das Hexenei der Hundsrute als ungenießbar.

Vorkommen:

Sporenfarbe:

Speisewert:

Fruchtkörper: 7–10 cm

Aderiger Morchelbecherling

Disciotis venosa

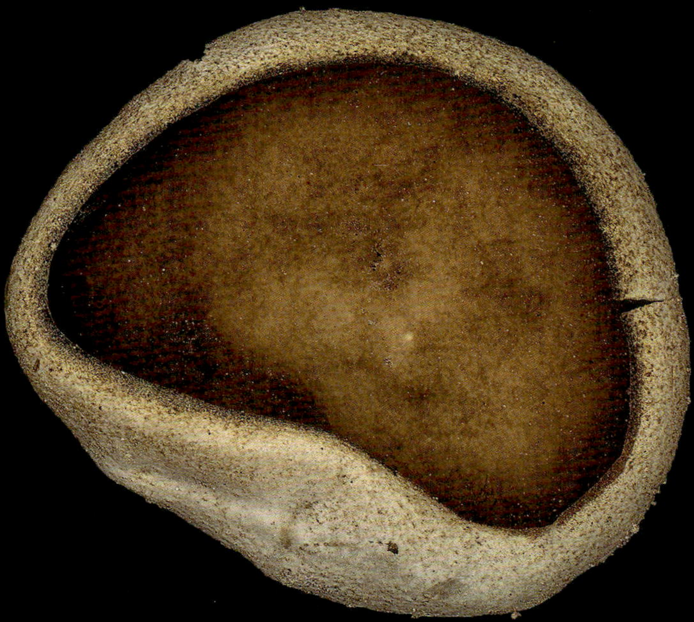

Der Aderige Morchelbecherling könnte mit einigen anderen Becherlingen verwechselt werden, wäre da nicht sein typischer Chlorgeruch. Dazu bricht man ein Stück des Pilzes ab und riecht an der Bruchstelle. Der meist intensive Geruch erinnert sofort an ein Schwimmbad. Der Morchelbecherling ist ein hervorragender Speisepilz (der Chlorgeruch verschwindet bei der Zubereitung), der den Speisemorcheln mindestens ebenbürtig, wenn nicht überlegen ist.

Vorkommen:

Sporenfarbe:

Speisewert:

Fruchtkörper: 3–15 cm

Gemeiner Orangebecherling

Aleuria aurantia

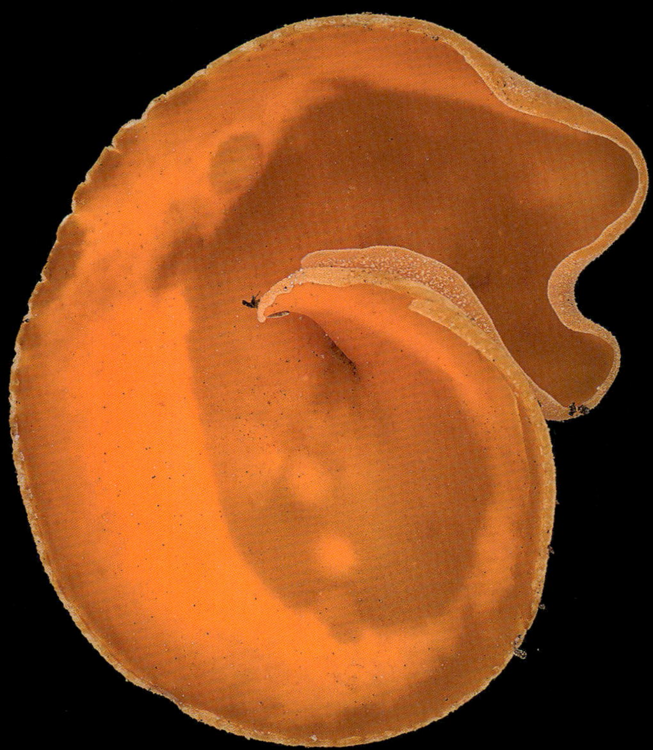

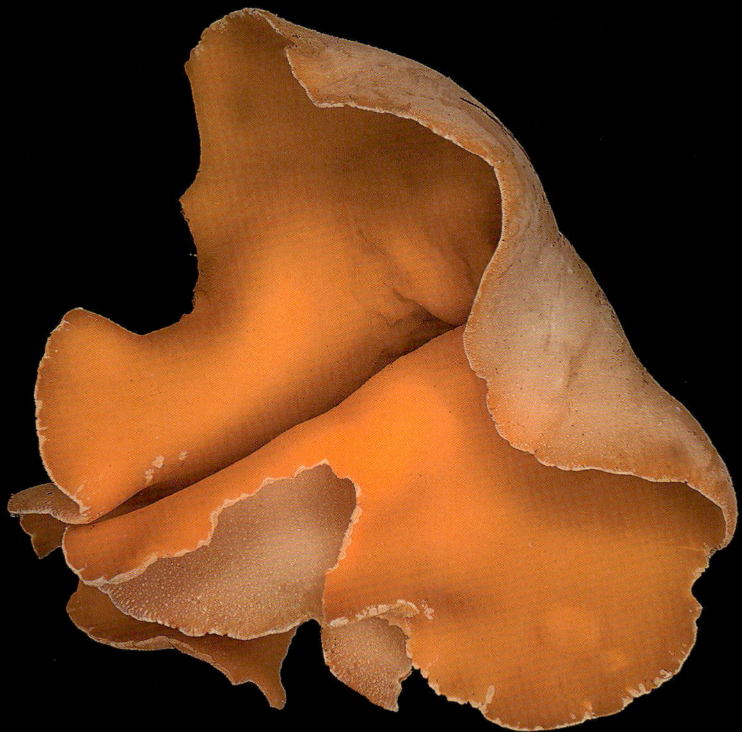

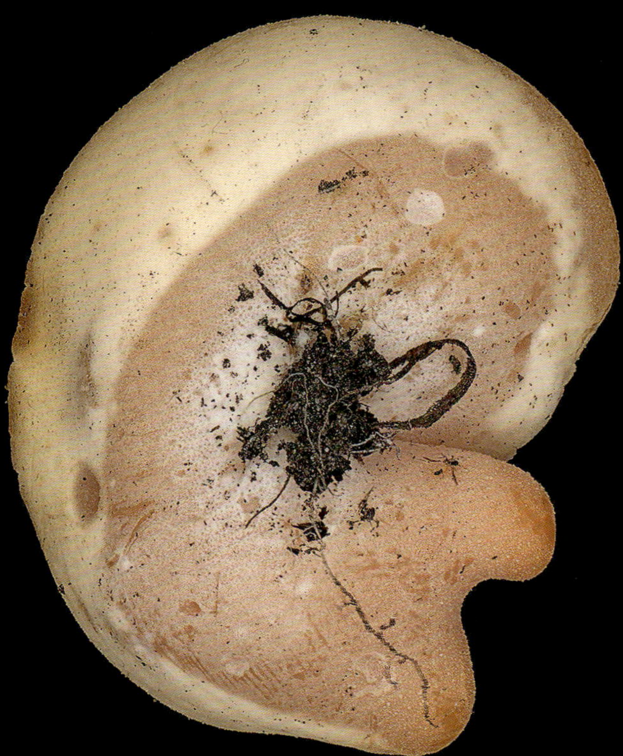

Zwar erinnert der Gemeine Orangebecherling in seiner Form durchaus an einen Becher, viel häufiger kann er auf den ersten Blick aber mit weggeworfenen Orangenschalen verwechselt werden. Seine leuchtende Farbe verdankt der Gemeine Orangebecherling übrigens Karotinen. Er ist einer der ganz wenigen Pilze, die sogar roh, zum Beispiel im Salat, gegessen werden können.

Vorkommen:

Sporenfarbe:

Speisewert:

Fruchtkörper: 2–8 cm

Dickschaliger Kartoffelbovist

Scleroderma citrinum

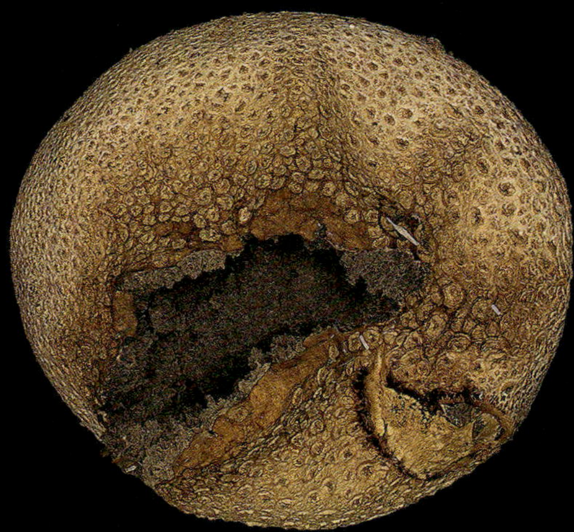

Auch wenn Kartoffelboviste in Osteuropa als Trüffelersatz Verwendung finden – vor ihrem Verzehr wird eindringlich gewarnt! Denn die – übrigens unbekannten – Gifte des Kartoffelbovists verursachen mindestens schwere Verdauungsprobleme. Es gibt Beschreibungen mehrerer Vergiftungsfälle, in denen eine zeitweise Farbenblindheit bis völlige Erblindung geschildert werden. Immerhin dient der Pilz dem Schmarotzenden Röhrling als Wirt und hilft so bei der Verbreitung dieses seltenen Speisepilzes.

Vorkommen:

Sporenfarbe:

Speisewert:

Fruchtkörper: 3–12 cm

Flaschen-Stäubling, Flaschenbovist

Lycoperdon perlatum

Für alle essbaren Stäublinge gilt: Nur reinweiße, feste Exemplare eignen sich zum Verzehr. Sehr junge Fruchtkörper des Flaschen-Stäublings können bei grober Unachtsamkeit mit sehr jungen Weißen Knollenblätterpilzen verwechselt werden. Im Schnitt dürfen keine Lamellenansätze zu sehen sein! Der Speisewert ist ähnlich dem des Birnenstäublings (S. 187).

Vorkommen:

Sporenfarbe:

Speisewert:

Fruchtkörper: 3–8 cm

Birnenstäubling

Lycoperdon pyriforme

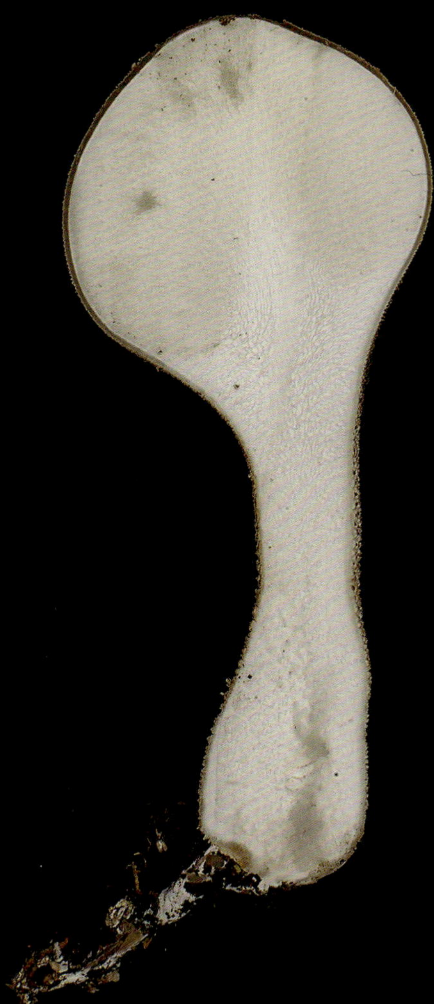

Eine Verwechslung des Birnenstäublings mit anderen Stäublingen ist eigentlich unmöglich, da er in seiner Gattung der einzige Stäubling ist, der auf Holz wächst. Solange sein Fleisch weiß ist, gilt der Pilz als essbar. Sein Geschmack ist allerdings unangenehm, denn sein Fruchtkörper besteht nicht aus festem Fleisch, sondern aus Sporenmasse, die beim Erhitzen schleimig wird. In Scheiben geschnitten lässt er sich bestenfalls scharf anbraten und erhält dabei eine cremige Konsistenz.

Vorkommen:

Sporenfarbe:

Speisewert:

Fruchtkörper: 2–7 cm

Gemeiner Schwefelporling

Laetiporus sulphureus

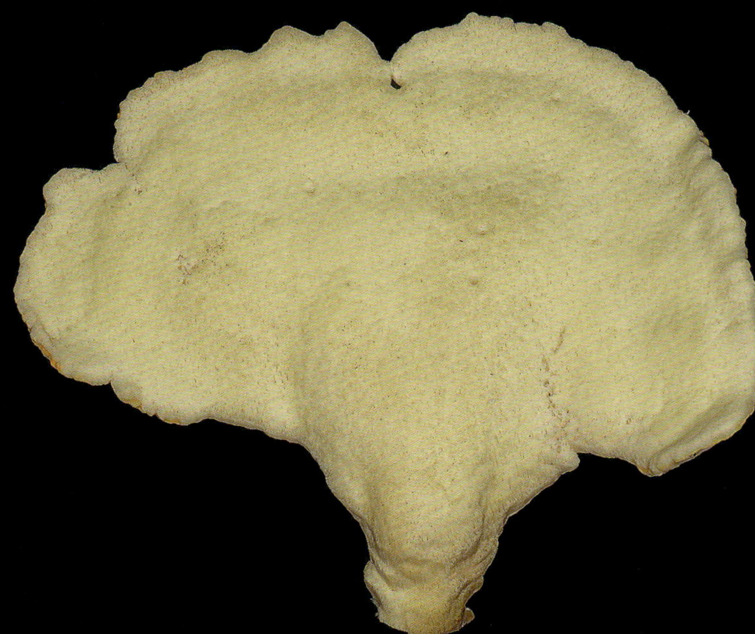

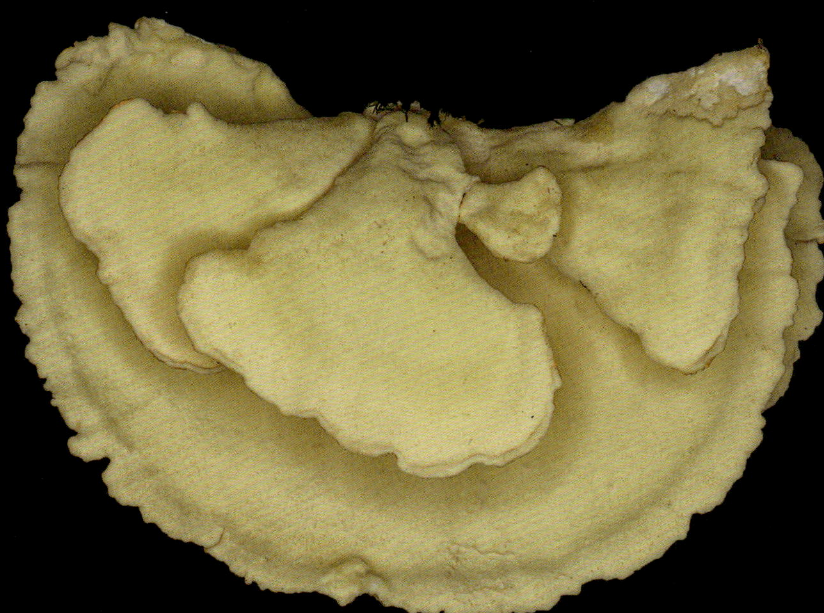

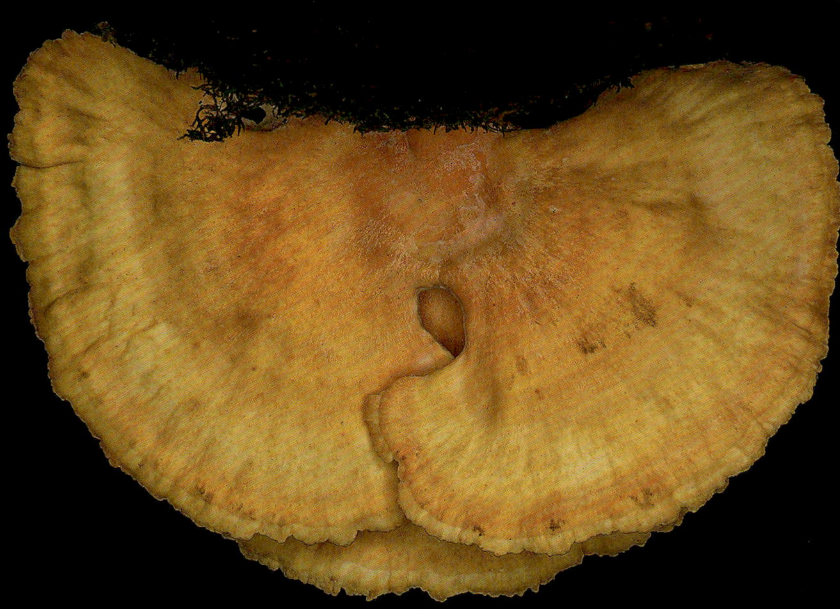

Dieser Pilz kann nicht übersehen werden. Die großen, fächerartigen, leuchtend schwefelgelben Gebilde besiedeln meistens Laubbäume und lösen bei diesen die Braunfäule aus. Ist der Pilz noch jung, kann er gegessen werden. Durch sein festes Fleisch erinnert er in seiner Konsistenz an Huhn, weshalb er im Englischen auch „Chicken of the woods" genannt wird. Besiedelt er giftige Hölzer, z.B. Eibe, sollte man ihn als Speisepilz meiden.

Vorkommen:

Sporenfarbe:

Speisewert:

Fruchtkörper: 7–30 cm

Mai-Stielporling

Polyporus ciliatus

Geradezu „pünktlich" im Jahr erscheint der Mai-Stielporling. Anders als viele Porlinge, deren Fruchtkörper direkt am Substrat wachsen, zählt dieser Pilz zu den Stielporlingen, die sich eindeutig in Hut und Stiel gliedern lassen. Man muss sehr genau hinschauen, um die äußerst feinen Poren zu erkennen.

Vorkommen:

Sporenfarbe:

Speisewert:

Hutdurchmesser: 4–11 cm

Steife Koralle
Ramaria stricta

Ihr lateinisches Artattribut kennzeichnet eine Besonderheit dieses ohnehin auffälligen Pilzes: Die Arme der Steifen Koralle wachsen „strikt" nach oben. Im Englischen ist sie unter dem Trivialnamen „strict-branch coral" bekannt. Die Gattung dieses sehr häufig vorkommenden Pilzes bildet keine Symbiose mit Bäumen, sondern zersetzt das Holz morscher Laubbäume.

Vorkommen:

Sporenfarbe: **Speisewert:** **Fruchtkörper:**

1–8 cm

Gemeiner Spaltblättling

Schizophyllum commune

Besonders an diesem Pilz sind seine gespaltenen „Lamellen", die je nach Witterung die Sporen vor dem Austrocknen schützen können. Er ist der wahrscheinlich am weitesten verbreitete Pilz der Welt. Das ist insofern unangenehm, als dass der Gemeine Spaltblättling nicht nur dafür bekannt ist, stark holzzersetzend zu wirken. Zusätzlich kann bereits das bloße Riechen an diesem Pilz zu gesundheitlichen Problemen führen. Denn seine Sporen können langfristig negative Auswirkungen auf die Lungenfunktion haben. Trotz dieser unliebsamen Eigenschaften eilt dem Gemeinen Spaltblättling zugleich ein bemerkenswerter Ruf als Vitalpilz voraus. So findet er in der Traditionellen Chinesischen Medizin vielfache Verwendung – von der Immunstärkung bis zur Behandlung von Tumoren.

Vorkommen:

Sporenfarbe:

Speisewert:

Fruchtkörper: 1–3 cm

„Ein schwarzer Hintergrund war unabdingbar."

Axel, wir arbeiten schon viele Jahre zusammen und haben etliche Auftragsarbeiten miteinander abgewickelt. Was mich von Anfang an begeisterte, ist deine sehr „strenge" und klare Bildsprache. Wie bist du zur Fotografie gekommen und wer war dein Mentor?

Zur Fotografie bin ich durch meinen Vater gekommen. Er hatte mir den Zugang zu einem Farblabor ermöglicht, was damals etwas Besonderes war. Nach dem Abitur und einer Zeit, die man heute als „Findungsphase" bezeichnen würde, habe ich mich entschlossen, Fotografie in Bielefeld zu studieren. Meinen Abschluss habe ich bei Karl Martin Holzhäuser gemacht, der natürlich – wie Gottfried Jäger auch – prägend war. Aber einen „Mentor", wie du ihn erwähnst, gab es nicht. Es gibt aber viele Fotografen, deren Arbeiten mich begeistern, auch wenn ich in einer völlig anderen fotografischen Welt unterwegs bin: Roger Ballen zum Beispiel oder Joakim Eskildsen mit seinen „Roma-Reisen", um nur zwei zu nennen …

Ich habe vor etwa zwölf Jahren mein Interesse an Pilzen entdeckt und war sofort „infiziert". Wie war das bei dir?

Pilze habe ich schon von klein auf mit meinen Eltern gesammelt. Und es hat bis heute großen Einfluss auf mich: Ich bin viel in der Natur unterwegs. Ich kann dort Kraft schöpfen und mich erholen. Ich werde nächste Woche für zwei Monate auf eine Ziegenalm gehen – und ich kann es kaum erwarten! Mein Hund kommt mit, und meine Kinder werden mich besuchen. Ich hoffe, dass sie einmal einen ähnlichen Zugang zur Natur haben werden, wie ich. Der Geruch nach feuchtem Herbstwald und der Anblick der Sonnenstrahlen, die durch den Wald fallen, nachdem es geregnet hat, ist etwas ganz Besonderes für mich.

Vor anderthalb Jahren kamen wir auf die Idee, deine Pilzfotos – wie auch immer – zu veröffentlichen. Ein Buch zu produzieren war eine davon. Das setzte aber voraus, dass deutlich mehr Pilze gesammelt und fotografiert werden mussten, als du bis dato schon hattest. Dafür warst du viel unterwegs …

Ja, ich war sehr viel für diese Pilzfotos unterwegs. Aber, um das richtigzustellen: Ich beschäftige mich seit 2001 mit dieser Art der Fotografie, bei der ich eine spezielle Technik einsetze. Und dabei geht es nicht nur um Pilze. Es sind sehr interessante Sequenzen von Konserven entstanden, die auch zu diesem Zyklus gehören. Bei den Pilzen gab es aber etwas Spezielles: Irgendetwas fehlte, bis ich auf die Idee kam, sie so zu fotografieren, wie man es von alten Biologie-Schultafeln kennt. Also Schnitte, Auf- und Untersichten abzubilden. Da lag die Idee eines Buchs schon sehr nahe. Du hast dann ein Layout gemacht, das mich sofort überzeugt hat.

Ich denke, die wichtigsten Pilze sind alle vertreten. Aber ein Pilzband ohne Morchel geht eigentlich gar nicht, hatte ich noch im Frühjahr gedacht. Da hat uns unsere Kollegin „gerettet".

Da habe ich mich sehr gefreut! Ich selbst habe noch nie eine Morchel gefunden.

Ich schon drei!

Schön! Mir sind aber mittlerweile die unscheinbaren Pilze, an denen jeder vorbeiläuft, viel wichtiger geworden. Zum Beispiel die Hasenpfote. Wenn du dich „auf Augenhöhe" mit ihnen begibst, entdeckst du die Komplexität dieser wirklich winzigen Pilze. Wenn den Betrachter dieses Buchs meine Begeisterung für die Formen- und Farbenvielfalt erreicht, würde ich mich darüber freuen.

Kommen wir nochmal zu deinen Fotos: Schwarze Hintergründe in der Fotografie sind zunächst ja nichts Besonderes. Wie bist du auf diesen geradezu illustrativen Stil deiner Pilzbilder gekommen?

Wie schon gesagt: Die Nähe zu „Lerntafeln" war mir wichtig. Die Bilder zeigen ein „Konzentrat", das Wesentliche, losgelöst vom Umfeld. Für mich steht das Objekt im Mittelpunkt. Farben und Formen müssen unverfälscht hervortreten – ohne irgendeine Störung. Dieselben Pilze, in der Natur fotografiert, erscheinen völlig anders, weil das farbige Umgebungslicht reflektiert wird und auf die Objekte zurückfällt. Zudem lenken die Schatten und das Umfeld von einer klaren Bildführung ab. Ein schwarzer Hintergrund war unabdingbar.

Das verwendete Equipment spielt dabei eine große Rolle, vermute ich.

Nein, nicht unbedingt. Wichtiger ist, dass du eine Idee hast, wo du „hinmöchtest". Du brauchst einen Fahrplan, ein künstlerisches Konzept. Da hilft dir dein Equipment erst einmal nicht. Man kann wunderschöne Ergebnisse mit neuesten Techniken erzielen, aber es ist halt nur Technik, kein Konzept.

Trotzdem: Diese Bilder hätten doch mit „konventionellen" Mitteln – sprich: Dias – gar nicht produziert werden können.

Es wäre auf jeden Fall sehr viel aufwendiger geworden, da ich zum Beispiel das sogenannte „Focus-Stacking" angewendet habe. In der digitalen Fotografie ist das bekannt, aber „analog" hätte das de facto bedeutet, Tausende Dias ineinanderzumontieren. Wir hätten etwas länger gebraucht, um das Buch zu produzieren.

Mir hat die Arbeit an dem Buch – das Layouten und Texten – riesigen Spaß gemacht. Auch wenn der Aufwand zuletzt höher als erwartet war und ohne die Hilfe meiner Kolleginnen und meines Bruders nicht zu bewältigen gewesen wäre. Wie siehst du das im Nachhinein? Wieviele Nächte hast du dir um die Ohren gehauen?

Über den Daumen gepeilt: einen Tag je Pilzart, mit allen Schnitten, unterschiedlichen Perspektiven und Aufbereitung der Daten. Dazu kommt natürlich das Suchen und Finden der Pilze. Ein Beispiel ist dieses *eine* Bild des Flockenstieligen Hexenröhrlings (Seite 144): Ich bin ungefähr 400 km nach Rheinland-Pfalz gefahren. Gesucht hatte ich eigentlich den Tintenfisch-Pilz, den ich dort schon einmal gefunden hatte. Es war sehr trocken zu der Zeit, und die Aussicht, überhaupt irgendeinen Pilz zu finden, schwand gegen Null. Und dann fand ich zufällig dieses Prachtexemplar. Der einzige Pilz, weit und breit. Inklusive Rückfahrt macht das also ca. 800 km… Für einen Pilz!

Das Buch ist fertig. Ich kann mir aber nicht vorstellen, dass du jetzt keine Pilze mehr fotografierst.

Ganz im Ernst: Ich würde gern eine große Enzyklopädie der Pilze fotografieren. Von mir aus: 2000 Seiten stark. Aber ich bräuchte die Hilfe eines Mykologen oder Pilzsachverständigen, der mich bei der Suche und Bestimmung unterstützen würde. Wir werden sehen, wie es weiter geht.

Axel Schmidt, Jahrgang 1962, Fotograf in Ratingen und Ulrich Hinz, Jahrgang 1961, Designer in Düsseldorf, unterhielten sich im Juli 2017.

Register

Impressum

Mit 517 Farbfotos von Axel Schmidt

Umschlaggestaltung von ergo kommunikation, Düsseldorf, unter Verwendung der Fotos von Axel Schmidt. Sie zeigen einen Fliegenpilz. Das Foto auf der Rückseite zeigt seine Hutunterseite.

Fachliche Beratung: Andreas Gminder

FSC www.fsc.org
MIX
Papier aus verantwortungsvollen Quellen
FSC® C004592

Gedruckt auf chlorfrei gebleichtem Papier

ISBN 978-3-440-15835-7
Projektleitung und Redaktion: Monika Weymann
Layout und Gestaltung: ergo kommunikation, Düsseldorf
Produktion: Markus Schärtlein
Printed in Germany / Imprimé en Allemagne